GRUNDZÜGE DER CHEMISCHEN PFLANZENUNTERSUCHUNG

VON

DR. L. ROSENTHALER
A. O. PROFESSOR A. D. UNIVERSITÄT BERN

DRITTE
VERBESSERTE UND VERMEHRTE AUFLAGE

MIT 4 ABBILDUNGEN

BERLIN
VERLAG VON JULIUS SPRINGER
1928

ISBN-13:978-3-642-90316-8 e-ISBN-13:978-3-642-92173-5
DOI: 10.1007/978-3-642-92173-5

SOFTCOVER REPRINT OF THE HARDCOVER 3RD EDITION 1928

Vorwort zur zweiten Auflage.

Als Doktorand mit einer pflanzenchemischen Arbeit befaßt, empfand ich es als Mangel, daß es eine kurze Anleitung für eine derartige Arbeit nicht gab. Ich habe deshalb, sobald ich dazu imstande war, diese „Grundzüge der chemischen Pflanzenuntersuchung" geschrieben. Da das Büchlein seit einiger Zeit vergriffen war, habe ich es neu bearbeitet und die Änderungen und Zusätze angebracht, die sich durch das Fortschreiten der Wissenschaft als notwendig erwiesen. Neu aufgenommen sind die Kapitel über proteinogene Amine und Farbstoffe.

Möge sich dies Büchlein auch jetzt wieder denen nützlich erweisen, die sich seiner bedienen, und ganz besonders den Anfängern in der Kunst der Pflanzenuntersuchung, für die es recht eigentlich bestimmt ist.

Bern, März 1923. Der Verfasser.

Vorwort zur dritten Auflage.

Obgleich erst wenige Jahre seit dem Erscheinen der letzten Auflage verflossen sind, mußten doch viele Änderungen vorgenommen werden. Das Kapitel Harze mußte neu bearbeitet, der Abschnitt Saponine völlig umgearbeitet werden. Das Kapitel Enzyme wurde durch eine Anleitung über den Nachweis der häufig in Pflanzen vorkommenden Enzyme erweitert. Auch der von mehreren Seiten an mich herangetretenen Aufforderung, einzelne Abschnitte weniger knapp auszuführen als bisher, bin ich nach Möglichkeit nachgekommen.

Neu hinzugekommen ist das Kapitel „Kurzer Abriß der Geschichte der Pflanzenchemie", das bei dem wiedererwachten historischen Interesse für manchen von Interesse sein mag. Zum erstenmal sind ferner einige Abbildungen aufgenommen worden.

Soweit als möglich, wurden auch mikrochemische Verfahren angegeben.

Bern, Mai 1928. Der Verfasser.

Inhaltsverzeichnis.

Einleitung.

Die chemische Zusammensetzung einer Pflanze ist erst dann vollständig ermittelt, wenn die Art und Menge sämtlicher chemischer Individuen bekannt ist, aus welchen sie besteht. Die Ausführung einer in diesem Sinne geplanten Untersuchung ist eine Aufgabe, deren vollkommene Lösung auch bei dem jetzigen hohen Stand der Naturwissenschaften und der Chemie insbesondere noch große, in mancher Hinsicht vorläufig unüberwindliche Schwierigkeiten bietet, da bei einer nicht unbeträchtlichen Anzahl von Stoffen, wie Enzymen und Membranstoffen, eine Zerlegung in chemische Individuen bis jetzt nicht mit Sicherheit möglich ist. Allein eine solche lückenlose Analyse ist bei den meisten pflanzenchemischen Arbeiten weder beabsichtigt noch notwendig, zumal die Inangriffnahme derartiger Untersuchungen aus sehr verschiedenen Beweggründen erfolgt. Der Pharmazeut und der Pharmakologe haben vielfach andere Ziele im Auge als der Pflanzenphysiologe und der Agrikulturchemiker. Der größte Teil der pflanzenchemischen Untersuchungen, wie sie in pharmazeutischen, chemischen und pharmakologischen Laboratorien vorgenommen werden, hat den Zweck, medizinisch, technisch oder wissenschaftlich wichtige und interessante Pflanzenstoffe in reinem Zustand darzustellen und ihre Zusammensetzung in mehr oder minder weitgehendem Maße zu erforschen.

Die Ermittelung der organischen Bestandteile einer Pflanze ist weitaus schwieriger als die ihrer anorganischen. Während bei der Untersuchung der letzteren nur eine verhältnismäßig kleine Anzahl von bekannten Elementen und Verbindungen in Betracht kommt, ist die Zahl der in den Pflanzen vorkommenden organischen Stoffe, wenn sie auch nur aus wenigen Elementen zusammengesetzt sind, eine ungeheuer große. Die Eigenschaften der Körper, deren Darstellung der Zweck der Untersuchung ist, sind meistens unbekannt, und die Entscheidung darüber, ob die endlich isolierten Körper chemische Individuen sind oder nicht, ist nicht immer leicht.

Außerdem ist der Pflanzenchemiker oft vor die Frage gestellt, ob die von ihm im Laufe der Untersuchung gewonnenen Stoffe in der Pflanze enthalten waren oder ob sie nur Zersetzungsprodukte sind. Denn die bei den Arbeiten selten völlig auszuschließende Einwirkung der Wärme, des Luftsauerstoffs, der Enzyme, möglicherweise auch die Reaktionen der gelösten Stoffe aufeinander und der oft sauren oder alkalischen Lösungsmittel können nicht selten Veränderungen in den ursprünglich vorhandenen Pflanzenstoffen[1] hervorrufen, welche selbst bei Aufwand großer Mühe und eindringlichen Scharfsinns oft schwer nachzuweisen sind.

Dazu kommt, daß die Zusammensetzung einer Pflanze oder selbst eines Pflanzenteils nicht unter allen Umständen die gleiche ist. Der Wechsel der Jahreszeiten, die Verschiedenheiten der Standorte und der chemischen Beschaffenheit des Bodens, die bei der Kultur der Gewächse durch die Menschen vorgenommenen Eingriffe können weitgehende Abweichungen sowohl der qualitativen als auch der quantitativen Zusammensetzung der Pflanzen bewirken. So schwankt der Glucosidgehalt der Digitalisblätter bei den in der gleichen Vegetationsperiode gesammelten Blättern nicht unbedeutend, wenn sie von verschiedenen Standorten herrühren. Auch ist es eine bekannte Tatsache, daß der Alkaloidgehalt der javanischen Chinarinden durch kulturelle Maßnahmen, in erster Linie allerdings durch Züchtung sich beträchtlich vermehrt hat.

Endlich geben die quantitativen Bestimmungen häufig nur annähernde Resultate. Z. B. lassen die rein wissenschaftlich brauchbaren Bestimmungsmethoden für Gerbstoffe, Eiweiß und Membranstoffe noch manches zu wünschen übrig.

Bei der großen Mannigfaltigkeit der in den Pflanzen vorkommenden Stoffe ist es leicht verständlich, daß ein systematischer Gang, wie er in der anorganischen Chemie ausgearbeitet worden ist, in gleicher Vollendung für die Pflanzenchemie nicht existiert und nicht existieren kann, solange nicht vollständige Untersuchungen einer beträchtlichen Anzahl von Pflanzen aus allen Familien des Pflanzenreiches vorliegen. Denn es ist sonst nicht möglich, eine Untersuchungsmethode aufzustellen, bei deren Einhaltung man sicher wäre, alle in der Pflanzenwelt vorkommenden Körper in unverändertem Zustande aufzufinden, gewissermaßen ein sehr enges Netz, in dem sich alle aufzusuchenden Substanzen auffangen lassen. Wenn hier trotzdem ein solcher (in den Grund-

[1] Insbesondere ist nach der Isolierung optisch-inaktiver Stoffe mit asymmetrischem Molekül zu prüfen, ob nicht durch die Darstellung Razemisierung bewirkt wurde.

zügen von Dragendorffs Methode ausgehender) Gang mitgeteilt wird, so geschieht es in der Überzeugung, daß der Anfänger sich mit einem solchen Gang besser in den verschlungenen Verhältnissen der Pflanzenchemie orientieren wird, als ohne dieses Hilfsmittel, wenn er sich nur bewußt bleibt, daß er nicht sklavisch unter allen Umständen daran festhalten darf. Eine große Dosis von Beobachtungsgabe und Findigkeit wird der Pflanzenchemiker immer besitzen müssen, wenn er nichts übersehen und seiner Aufgabe in jedem Fall gerecht werden will.

Andererseits finden sich Umstände, welche geeignet sind, die Aufgabe des Pflanzenchemikers zu erleichtern. Aus der großen Menge der Pflanzenstoffe lassen sich Gruppen bilden, deren Individuen gemeinsame Eigenschaften besitzen. Auf unbekannte Glieder dieser Gruppen, wie sie z. B. in den Alkaloiden, Saponinen, Gerbstoffen, Zuckerarten und Eiweißstoffen vorliegen, fahndet man, indem man solche Untersuchungsmethoden anwendet, die bereits zur Auffindung bekannter Körper der gleichen Gruppe gedient haben, oder indem man unter Berücksichtigung der allen Gliedern der Gruppe gemeinsamen Eigenschaften eine neue Methode versucht. Eine große Anzahl von Pflanzenstoffen, deren Eigenschaften bekannt sind, ist im Pflanzenreich weit verbreitet. Es ist deshalb leicht (oft auch nebensächlich), ihre Gegenwart in dem Gegenstande der Untersuchung festzustellen. Derartige Stoffe sind Chlorophyll, Traubenzucker, Cellulose, Stärke u. dgl.

Oft ist es leichter, die Abwesenheit des Gliedes einer bestimmten Gruppe festzustellen, als seine Gegenwart einwandfrei nachzuweisen. Gibt z. B. ein konzentrierter, sauer reagierender Pflanzenauszug keine Fällung mit den gebräuchlichsten Alkaloidfällungsmitteln, so ist die Gegenwart eines Alkaloides ausgeschlossen.

Manchmal gewährt die Verwendungsweise einer Pflanze Anhaltspunkte für die Untersuchung. Nahrungsmittel enthalten verdauliche Kohlenhydrate, Fette oder Eiweißstoffe, in Genußmitteln finden sich häufig Substanzen mit basischen Eigenschaften und in pflanzlichen Waschmitteln wird man die Gegenwart saponinartiger Glucoside vermuten dürfen.

Bei der Untersuchung von Pflanzen mit ausgesprochener physiologischer Wirkung ist es vorteilhaft, das biologische Experiment heranzuziehen. Man kann damit sowohl die Auszüge als die isolierten Stoffe darauf prüfen, ob sie die spezifische Wirkung besitzen.

Die Stellung der Pflanzen im natürlichen System bietet manchmal Aufschluß über die Art der Stoffe, deren An- oder Abwesenheit man in den Pflanzen erwarten darf. Bei Papaveraceen wird man hoffen dürfen, dem Protopin, ihrem Leitalkaloid zu begegnen Die Anwesenheit von Alkaloiden ist in Solanaceen, die von Amygdalin in Prunaceensamen von vornherein wahrscheinlich. Dagegen ist wenig damit zu rechnen, daß man etwa in der Familie der Umbelliferen eine Blausäurepflanze antrifft.

Kommen mehrere Stoffe derselben Art, etwa Alkaloide oder Glucoside, in einer Gattung oder gar in einer und derselben Pflanze vor, so kann man nach den bisher vorliegenden Erfahrungen annehmen, daß sie in ihrer chemischen Zusammensetzung einander nahestehen. So leiten sich alle Blausäureglucoside der Prunaceen vom Benzaldehydcyanhydrin ab, und bei allen Colomboalkaloiden ist derselbe Kern vorhanden.

Regeln.

1. Man prüfe jeden festen Körper, den man dargestellt hat, mit dem Mikroskop, um sich davon zu überzeugen, ob er äußerlich einheitlich ist.

2. Man reinige jeden Körper, ehe man ihn analysiert, so lange, bis über seine Einheitlichkeit nicht der geringste Zweifel besteht. Das Analysieren mangelhaft gereinigter Körper ist der Fehler, der am häufigsten in der Pflanzenuntersuchung begangen wird[1].

Es sei aber ausdrücklich darauf hingewiesen, daß die Reindarstellung von Pflanzenstoffen selbst bei gut krystallisierenden Stoffen oft auf große Schwierigkeiten stößt, da es häufig vorkommt, daß Gemische von Stoffen hartnäckig zusammen krystallisieren. Besonders große Vorsicht ist bei amorphen Stoffen nötig.

3. Man analysiere keinen Körper, ehe man ihn nicht qualitativ geprüft hat. Man unterlasse es nie, ihn auf Stickstoff, Schwefel, Posphor und Aschenbestandteile zu untersuchen.

---

[1] Völlig zu verwerfen ist das Verfahren, unreine Stoffe mit wohlklingenden Namen zu benennen, liederlich zu untersuchen und auf den zweifelhaften Ergebnissen ebenso kühne als falsche Hypothesen aufzubauen.

Allgemeiner Teil.

Kurzer Abriß der Geschichte der Pflanzenchemie.

Betrachtet man die Pflanzenchemie als die Kunst, die Pflanzen in ihre chemischen Bestandteile zu zerlegen oder wenigstens ihre wichtigsten Bestandteile als chemisch reine Stoffe zu isolieren, so ist der Apotheker C. W. Scheele der Begründer der modernen Pflanzenchemie (1). Die Zahl dcr Pflanzenbestandteile, die man vor Scheele kannte, ist sehr klein und in ganz chemischreinem Zustand war vielleicht kein einziger Stoff dargestellt. Doch kannten Römer und Griechen den Weinstein aus eigener Darstellung, und in Ostasien hatte man schon früh den Borneokampfer und den Lauraceenkampfer kennengelernt, von denen man ja den ersteren nur aus den Bäumen herauszukratzen brauchte. Dazu traten einige Stoffe, welche man durch die leicht auszuführende trockene Destillation gewann. So bemerkte Georg Agricola 1546 unter den Produkten der trockenen Destillation des Bernsteins den Stoff, den wir jetzt als Bernsteinsäure bezeichnen, und Alexander Pedemontanus erhielt 1560 auf dieselbe Weise aus der Benzoe die Krystalle der Benzoesäure. Die im 16. Jahrhundert schon hoch entwickelte Kunst der Wasserdampfdestillation und die besonders durch Valerius Cordus geförderte Darstellung ätherischer Öle führte zu Gemischen, aus denen nur selten ein krystallinischer Körper sich abschied. Doch scheint das Thymol des Thymianöls bereits im 17. Jahrhundert beobachtet worden zu sein und Valerius Cordus hat das Erstarren des Anisöls beschrieben.

Auf einem prinzipiell anderen Wege gelang Angelus Sala, der bereits den Weinstein und den Rohrzucker in reinerem Zustand erhalten hatte, um die Mitte des 17. Jahrhunderts die Entdeckung des Sauerkleesalzes, als er den durch Eiweiß geklärten Saft des Sauerampfers konzentrierte.

Von den beiden damals der Pflanzenchemie zur Verfügung stehenden Hauptuntersuchungsverfahren, der trockenen Destillation und der Extraktion mit Lösungsmitteln trat zunächst das erstere Verfahren in den Vordergrund, als die Académie des sciences in Paris wenige Jahre nach ihrer Gründung (1666) die großzügigste Untersuchung von Pflanzen ausführen ließ, die jemals unternommen wurde. Ihre Mitglieder Duclos und Dodart, die die theoretischen Grundlagen bearbeiteten, waren der Ansicht, daß man, um eine Pflanze von Grund aus kennenzulernen, Gewalt anwenden und ihre Zusammensetzung völlig durch Feuer zerstören müsse. So wurden in den nächsten 25—30 Jahren nicht weniger als 1400 Pflanzen und Pflanzenprodukte nach dem Verfahren der trockenen Destillation untersucht. Das Ergebnis war, daß man aus allen Pflanzen ungefähr dieselben Produkte erhielt und so die Erkenntnis gewann, daß dies Verfahren zur Ermittlung der wahren Pflanzenbestandteile untauglich sei, eine Erkenntnis, die sich allerdings nur langsam bei allen Pflanzenchemikern durchsetzte. Im 18. Jahrhundert steht aber wieder das Extraktionsverfahren im Vordergrund, so bei Boulduc, Boerhaave und Neumann, aber ohne daß irgendein bemerkenswertes Ergebnis erzielt wurde. Die besten Arbeiten dieser Epoche sind die des Berliner Apothekers Marggraf, so die folgenreiche von 1747, in welcher er lehrte, den Rohrzucker aus einheimischen Gewächsen darzustellen.

Aus dieser Stagnation riß erst Scheele die Pflanzenchemie heraus. Gleich in seiner ersten der Stockholmer Academie eingereichten Untersuchung beschrieb er (1769) die Entdeckung der Weinsäure. Er hatte sie gewonnen, indem er den Weinstein mit Kreide zersetzte und aus dem entstandenen weinsauren Calcium die Weinsäure mit Schwefelsäure frei machte. In ähnlicher Weise stellte er auch die Citronensäure aus dem Citronensaft dar. Es folgten die Entdeckungen der Oxalsäure und der Apfelsäure, der Nachweis, daß die Krystalle in Rhabarber und vielen anderen Drogen mit Calciumoxalat identisch sind und die Darstellung der Benzoesäure aus Benzoe mit Hilfe des Kalkverfahrens. Noch in seinem letzten Lebensjahr (1786) hat er eine neue Pflanzensäure entdeckt, die Gallussäure, die er bei der freiwilligen Zersetzung eines Galläpfelinfuses beobachtete. „Diese der Zahl nach geringen und wenig umfangreichen Arbeiten Scheeles überragen an Wert bei weitem alles, was vor ihm auf dem Gebiete der chemischen Pflanzenuntersuchung geleistet worden ist. An Stelle unfruchtbarer Spekulationen, wie sie so viele seiner Vorgänger ausheckten, setzte er wohlüberlegte und sorgfältig ausgeführte Experimentaluntersuchungen. Statt wässeriger und weingeistiger Extrakte, die man vor ihm und lange nach ihm als individuelle Verbindungen aus den Pflanzen darstellte, gab er in seinen Säuren chemisch reine Körper mit genau definierten Eigenschaften. Er hat zum ersten Male in bewußter Weise gezeigt, daß man die Pflanzenbestandteile systematisch in Form chemischer Individuen darstellen müsse, und könne (1). Dieser Scheelesche Geist ist nie mehr aus der Pflanzenchemie verschwunden und ist schon in der folgenden Epoche zu spüren, der Entdeckungsepoche der basischen Pflanzenstoffe (2).

Zu Anfang des 19. Jahrhunderts hatten sich der französische Apotheker Derosne und sein deutscher Kollege Sertürner mit der Untersuchung des Opiums beschäftigt und hatten denselben krystallinischen Stoff erhalten, Derosne im Jahre 1804, Sertürner zwei Jahre später. Derosne hatte auch festgestellt, daß dieser Stoff alkalisch reagierte. Da er aber zu seiner Fällung Pottasche benützt hatte, so nahm er an, daß die alkalische Reaktion einer Verunreinigung mit diesem Stoffe zuzuschreiben sei. Erst Sertürner zeigte 1806, daß die alkalische Reaktion dem aus Opium isolierten Stoff, dem Gay-Lussac den Namen Morphin gab, selbst zukomme, daß er also eine salzfähige Base sei, wie Sertürner sich ausdrückte. Der Name Alkaloide wurde 1818 von Meißner dieser Körperklasse beigelegt, die schon in diesem Jahre noch weitere Vertreter hatte. Das 1803 bereits von Derosne entdeckte Narkotin war 1817 von Robiquet nochmals dargestellt worden, Der Portugiese Gomez hatte bereits 1811 basische Stoffe aus der Chinarinde isoliert, 1817 hatten Pelletier und Magendie das Emetin, 1818 Pelletier und Caventou das Strychnin entdeckt, und dasselbe Jahr sah noch die Entdeckung des Veratrins durch Meißner. Die Entdeckung Sertürners gab naturgemäß den Anstoß dazu, alle wichtigen Heilpflanzen auf Alkaloide zu untersuchen. Die Jahre 1817—1837 können als die Glanzperiode der Alkaloidentdeckungen bezeichnet werden, wie aus dem Obigen und folgender Übersicht (3) hervorgeht.

Jahr	Alkaloid	Entdecker
1819	Brucin	Pelletier u. Caventou
	Piperin	Oersted
	Delphinin	Brandes u. Lassaigne
1820	Chinin	Pelletier u. Caventou
	Coffein	Runge
	Solanin	Desfosses
1824	Surinamin	Hüttenschmid
	Chelidonin	Godefroy
1825	Sinapin	Henry u. Garot
1826	Corydalin	Wackenroder
	Berberin	Chevalier u. Pelletan
	Coniin	Giesecke
1828	Nicotin	Posselt u. Reimann
1829	Curarin	Roulin u. Boussaingault

Jahr	Glucosid	Entdecker
1830	Buxin	Fauré
1831	Atropin	Mein
1832	Codein	Robiquet
	Narcein	Pelletier
1833	Chinidin	Henry u. Delondre
	Hyoscyamin	Geiger u. Hesse
	Aconitin	Geiger u. Hesse
	Colchicin	Geiger u. Hesse
1834	Bebeerin	Rodie
1835	Thebain u. Pseudomorphin	Pelletier
1837	Jervin	Simon
	Harmalin	Goeben

Der mächtige Aufschwung der Pflanzenchemie, der durch die Entdeckung Sertürners ausgelöst wurde, führte in dieser Periode auch zur Entdeckung vieler nichtalkaloidischer Pflanzenstoffe, unter denen das 1830 von Robiquet und Boutron-Charlard entdeckte Amygdalin durch die berühmte, 1837 veröffentlichte Untersuchung von Liebig und Wöhler der Ausgangspunkt für die Schaffung der Gruppe der Glucoside[1] wurde, nachdem Liebig und Wöhler festgestellt hatten, daß unter dessen Spaltungsprodukten Glucose vorhanden war. Auch für die Geschichte der pflanzlichen Enzyme ist diese Arbeit bedeutsam.

Über die Entdeckungen der wichtigsten Glucoside orientiert nachfolgende Tabelle (4).

Jahr	Glucosid	Entdecker
1822	Daphnin	Gmelin u. Baer
1824	Antiarin	Pelletier u. Caventou
1827	Sinalbin	Henry u. Carot
1828	Digitalin	Dulong
	Hesperidin	Lebreton, Brandes
1830	Salicin	Leroux
	Populin	Braconnot
	Aesculin	Minor u. Brandes
	Amygdalin	Robiquet u. Boutron-[Charlard
1832	Gypsophila-Saponin	Bussy
1835	Phloridzin	de Koninck
1840	Sinigrin	Robiquet u. Bussy
1841	Quercitrin	Bolley
	Syringin	Millet
1842	Rutin	Weiß
1843	Apiin	Braconnot
1852	Arbutin	Kawalier
1857	Fraxin	Salm-Horstmar

[1] Laurent faßte 1852 als erster die Stoffe, die bei der Spaltung Zucker geben, zu einer besonderen Gruppe zusammen, die er Glukosamide nannte, Berthelot nannte sie später Saccharide. Von wem der Name Glucoside stammt, ist mir nicht bekannt.

Jahr	Glucosid	Entdecker
1861	Coniferin	Hartig
	Glycyrrhizin	Gorup u. Besanez
1862	Gentiopikrin	Kromeyer
1866	Naringin	de Vrij
1868	Rhinanthin	Ludwig
1872	k-Strophanthin	Fraser
1874	Digitoxin	Schmiedeberg
1875	Digitonin	Schmiedeberg
1877	h-Strophanthin	Hardy u. Gallois
1897	Linamarin	Jorissen u. Hairs

Die systematische Aufarbeitung der ätherischen Öle und damit die Reindarstellung ihrer einzelnen Bestandteile beginnt erst im 19. Jahrhundert. Sie wurde ermöglicht sowohl durch die Fortschritte der Destillationstechnik (fraktionierte Destillation, Vakuum-Destillation), als durch die der organischen Chemie, die es erreichte, einzelne Bestandteile in Form chemischer Verbindungen abzuscheiden, so die Phenole als Phenolate, die Aldehyde und Ketone als Bisulfitverbindungen, die Terpene durch die besonders von Wallach entwickelte Darstellung von Additionsverbindungen mit Halogenen, Halogenwasserstoffen usw.

Die ersten rein dargestellten Stoffe dieser Gruppe sind wohl Menthol, Thymol und Eugenol gewesen.

Weitere Fortschritte über das bisher in der Pflanzenchemie Erreichte sind von der Mikrochemie zu erhoffen, die bisher auf unserem Gebiete im wesentlichen nur zur Analyse von Pflanzenstoffen gedient hat[1]. Gelingt es, die Verfahren der Mikroextraktion, Mikrodestillation, Mikrosublimation usw. genügend auszubauen, so wird sich die jetzt noch sehr langwierige Untersuchung von Pflanzen weitgehend erleichtern lassen und die chemische Pflanzenuntersuchung wird dadurch eine Belebung erfahren.

Allgemeines über einige zur Darstellung der Pflanzenstoffe nötigen Arbeiten.

Die Darstellung beginnt mit der Extraktion oder bei flüchtigen Substanzen mit der Destillation; in einzelnen Fällen kann die Sublimation Verwendung finden, wie bei der Darstellung der Benzoesäure aus Benzoe.

Die Benützung von Perkolationsapparaten zum Ausziehen in der Kälte, die von Extraktionsapparaten bei warmer Extraktion erleichtert die Arbeit wesentlich. Wenn man bei der Extraktion

[1] Besonders sei auf die meisterhaften mikrochemischen Ermittlungen der Konstitution von Alkaloiden hingewiesen, die E. Späth und seine Schüler (Wien) ausgeführt haben.

die Anwendung von Wärme nicht vermeiden kann, so erwärme man doch möglichst nur auf dem Dampfbad.

Wie lange und wie oft man extrahieren soll, hängt von der Eigenschaft der zu gewinnenden Stoffe und der Art der Untersuchung ab. Man wird die Extraktion im allgemeinen immer bis zur völligen Erschöpfung des Materials fortsetzen. Diesen Moment kann man beim Arbeiten mit Extraktions- und Perkolationsapparaten oft daran erkennen, daß eine im Anfang gefärbte Flüssigkeit farblos abläuft. Sind die Extraktionen von Anfang an farblos, so verdunstet man von Zeit zu Zeit eine kleine Menge Flüssigkeit auf einem Uhrglas. Hinterläßt die Flüssigkeit keinen festen Rückstand, so ist die Extraktion beendigt. Bei Fettextraktionen läßt man die ablaufende Flüssigkeit auf ein Papier einwirken und hat an den entstehenden Fettflecken einen ungefähren Maßstab für das Fortschreiten der Extraktion. Sind Gerbstoffe auszuziehen, so kann man extrahieren, bis die Ferrichloridreaktion (s. S. 16) nicht mehr eintritt. Bei Saponinen wendet man die Schaumreaktion (s. S. 17) an, bei Alkaloiden die oft sehr empfindlichen Alkaloidfällungsmittel. Die Geschmacksprobe kann man bei bitter oder anders schmeckenden Körpern nichtalkaloidischer Natur anwenden. Die Rückstände der Extraktion preßt man aus, da sie immer noch Flüssigkeit enthalten.

Die nun folgende Filtration der Auszüge ist, wenn man nicht eine Zentrifuge besitzt, oft eine sehr langwierige Sache. Am besten läßt man die Auszüge gut absetzen und zieht dann die klare Flüssigkeit ab, ehe man den trüben Rest auf ein Filter gibt. Als Klärungsmittel läßt sich Talk oder Kieselgur verwenden, welche die feinen Trübungen mit zu Boden reißen, wenn man die Flüssigkeit damit schüttelt. Bei schleimigen Flüssigkeiten hilft oft ein Zusatz von Weingeist.

Ein vorzügliches Filtrierverfahren ist das Pukallsche, das die Flüssigkeit mit Hilfe der Wasserstrahlpumpe durch Tonzellen (Pukallsche Zellen) saugt. Es ist oft anwendbar, wenn alle anderen Filtriermethoden versagen.

Ferner sei auf das Filtrieren mit Jenaer Glasfiltern und Eintauchnutschen hingewiesen. Vgl. dazu A. Heiduschka und F. Muths, Pharmazeut. Ztg., 72, S. 1614 (1927).

Das Abdampfen sollte, wenn möglich, im Vakuum erfolgen, um die durch hohe Temperatur begünstigte Oxydation und Spaltungen zu vermeiden.

Will man eine weingeistige Flüssigkeit eindampfen, um sie dann mit Wasser aufzunehmen, so achte man darauf, den Weingeist vollständig zu entfernen, da sonst das meist vorhandene

Chlorophyll und evtl. andere in Weingeist lösliche, in Wasser unlösliche Stoffe in die wässerige Lösung übergehen und diese so trüben können, daß eine Klärung durch Filtration kaum mehr zu erzielen ist. Ähnliches gilt für den umgekehrten Fall. Ist eine Trübung trotzdem eingetreten, so kann man sie manchmal durch Ausschütteln mit Äther beseitigen[1].

Wird die Entfärbung der Auszüge mit Kohle vorgenommen, so muß man die Kohle nachher sorgfältig mit verschiedenen Lösungsmitteln auskochen, da sie neben färbenden Bestandteilen auch Alkaloide und andere Stoffe aufnehmen kann.

In günstigen Fällen erhält man bei der Darstellung ohne weiteres krystallinische Produkte, die man nur mit Kohle reinigen und umkrystallisieren darf, um den Stoff in reinem Zustand zu haben. In der Mehrzahl der Fälle wird die Krystallisation nicht so leicht vor sich gehen, und es bedarf oft eines monatelangen Stehens im Vakuum über Schwefelsäure, bis die Krystalle auftreten[2]. Handelt es sich um einen bekannten Stoff oder kommen nur wenige Stoffe in Betracht, so kann man die Krystallisation durch Impfung hervorrufen.

Erfolgt durch die Impfung eine Krystallisation, so ist der Stoff in den meisten Fällen damit identifiziert, da die Krystallisation außer durch identische nur durch isomorphe Stoffe erfolgen kann, und letztere auf pflanzenchemischem Gebiet nur wenig in Frage kommen. Die Impfung kann in verschiedener Weise vorgenommen werden (5).

1. Bourquelots Verfahren. Man reibt einen Objektträger mit dem Impfkrystall und bringt dann einen Tropfen des Sirups auf die geriebene Stelle. Man legt ein Deckglas darauf und überdeckt mit einer Glasglocke. Bei bejahendem Ausfall treten dann nach kürzerer oder längerer Zeit zunächst an den geriebenen, später auch an anderen Stellen Kryställchen auf. Haben sich davon genügend gebildet, so kratzt man sie ab und verwendet sie zur Impfung der Hauptmasse des Sirups.

2. Mikroverfahren von Denigès.

Man bereitet sich zunächst das Impfmaterial in folgender Weise: Man bringt etwa 1 mg des krystallisierten Stoffes fein gepulvert in einem kleinen Häufchen auf die Mitte eines Objektträgers. Man bringt darauf ein Tröpfchen Wasser von etwa 1 cm

[1] Kolloidal gelöstes Chlorophyll beseitigt man am besten dadurch, daß man nach Zusatz von Kochsalz ausäthert.

[2] Zu den schwer krystallisierenden Stoffen gehören u. a. Apfelsäure, Zuckerarten und mehrwertige Alkohole.

Durchmesser[1] und erwärmt sehr vorsichtig auf kleiner Flamme, von der man das Präparat rechtzeitig entfernt, um das Lösungsmittel zuletzt freiwillig verdunsten zu lassen. Hat man so weit eingetrocknet, daß der Rückstand einen nicht zu trockenen Firnis bildet, dann bringt man die ausgezogene Spitze eines Glasstabs in das krystallinische Pulver desselben Stoffes und rührt damit in den Rückstand. Man erhält so den Reibungslinien entlang Mikrokrystalle.

Von dem zu prüfenden Stoffe bringt man nun höchstens 0,1—0,2 mg auf einen Objektträger und löst in einem Tröpfchen Wasser, dessen Durchmesser 3—4 mm nicht übersteigen soll. Man dampft vorsichtig in der oben beschriebenen Weise zu einem weichen Firnis ein und reibt diesen in verschiedenen Richtungen unter leichtem Druck mit dem ausgezogenen, angerauhten Ende eines Glasstabs, das man vorher durch das erste Präparat geführt hatte. Man befeuchtet unmittelbar darauf mit einem Tropfen einer Mischung gleicher Teile von Aceton und Eisessig, läßt verdunsten, wiederholt diese Behandlung und prüft nach dem Verdunsten des Lösungsmittels unter dem Mikroskop (ohne Deckglas) auf das Vorhandensein von Krystallen[2].

Wasserlösliche Stoffe, die in Weingeist nicht löslich sind, kann man zur Krystallisation bringen, wenn man sie in Wasser löst, die Lösung mit Weingeist versetzt, bis eine Trübung entsteht, dann diese durch Wasser beseitigt und die Flüssigkeit in einen mit gebranntem Kalk versehenen Exsiccator bringt. Das Wasser wird vom Kalk aufgenommen und die Flüssigkeit wird in demselben Maße relativ reicher an Weingeist.

Ein krystallisierter Stoff kann im allgemeinen als rein betrachtet werden, wenn er nach wiederholtem Umkrystallisieren seinen Schmelzpunkt nicht mehr ändert (vgl. dazu S. 4).

Schwieriger ist die Reinheit festzustellen, wenn ein Stoff nicht unzersetzt schmilzt, amorph oder flüssig ist. Unzersetzt siedende Flüssigkeiten unterwirft man zur Prüfung und Reinigung der fraktionierten Destillation, und fängt die bei einer Temperatur oder innerhalb geringer Temperaturintervalle übergehenden Flüssigkeitsanteile gesondert auf. Diese Operation führt, auch bei öfterer Wiederholung, manchmal nicht zum Ziel, da auch Gemenge von Flüssigkeiten einen konstanten Siedepunkt haben können. In diesem Falle sucht man Derivate der Körper darzustellen, da

---

[1] Es ist hier angenommen, daß es sich bei diesen schwerkrystallisierenden Stoffen immer um wasserlösliche handelt.

[2] Weiteres siehe G. Denigès, Qualitative Analyse durch Mikrokristalloskopie in Fortschritte der Mikrochemie (1928) S. 21.

diese sich dann vielfach leichter trennen lassen als ihre Muttersubstanzen. Ein solches Verfahren hat sich besonders für die terpenartigen Bestandteile der ätherischen Öle bewährt und findet auch zur Trennung nichtflüchtiger Körper vielfach Anwendung. Alkaloide kann man für diesen Zweck in Salze überführen, Glucoside in Acetylverbindungen, die Säuren in Ester u. dgl.

Ein weiterhin wichtiges Trennungsverfahren ist das auf den Prinzipien der fraktionierten Fällung und Lösung beruhende. Zur Ausführung der letzteren Methode stellt man zunächst mit einem kleinen Teil des Körpers fest, in wieviel Teilen des Lösungsmittels er sich vollständig löst. Dann behandelt man ihn fünfmal mit dem fünften (oder zehnmal mit dem zehnten) Teil der zur vollständigen Lösung erforderlichen Flüssigkeitsmenge und prüft die Eigenschaften der beim Konzentrieren jeder Lösung erhaltenen Substanz, besonders Schmelzpunkt und Elementarzusammensetzung. Ähnlich verfährt man bei der fraktionierten Fällung. Man stellt fest, wieviel des Fällungsmittels nötig wäre, um alle in Lösung befindliche Substanz auszufällen, und fällt dann fünfmal mit dem fünften (oder zehnmal mit dem zehnten) Teil der zur vollständigen Fällung erforderlichen Menge des Fällungsmittels, indem man den nach jeder Fällung entstandenen Niederschlag abfiltriert. Bestand eine so behandelte Substanz aus zwei sich gegen die Lösungs- und Fällungsmittel etwas verschieden verhaltenden Substanzen, so wird man Verschiedenheiten in den ersten und letzten der bei den geschilderten Operationen erhaltenen Fraktionen feststellen können und man wird durch eine Fortsetzung der Fraktionierung eine Trennung erzielen.

Zur Reindarstellung von Stoffen kann in vielen Fällen die Sublimation im Hochvakuum angewandt werden. Über einen dazu geeigneten Apparat (zu beziehen von Hauff & Buest, Berlin NW 6, Luisenstraße 67) s. H. Dieterle und B. Holländer, Archiv d. Pharmazie **265** (Ber. deutsch. pharmazeut. Gesellsch. 37), 118, 1927.

Von Mikroapparaten seien erwähnt: Der Mikro-Extraktionsapparat von G. Klein, der Mikro-Destillationsapparat von Gawalowski-Klein und der Mikro-Sublimationsapparat von Klein-Werner. Abbildungen dieser Apparate bei Klein, G.: Histochemie im Dienste der Warenkunde in Grafes Handbuch der organischen Warenkunde, des letztgenannten Apparats außerdem in Zeitschr. f. physiolog. Chem. 143, S. 141, 1925.

Glaubt man einen festen Körper in reinem Zustand dargestellt zu haben, so prüft man zunächst, ob er anorganische Bestandteile enthält. Beim Erhitzen auf dem Platinblech verbrennen die organischen Bestandteile, während die anorganischen als Asche zurückbleiben[1]. Ist dies der Fall, so wird man den Körper von den Aschebestandteilen zu befreien suchen, falls diese nicht in seine Konstitution eingehen. Um ihn aschefrei zu erhalten, kann man ihn fraktioniert lösen oder fällen. Bei nicht dialysierenden wasserlöslichen Körpern kann man sich der Dialyse (vgl. S. 96) bedienen, wobei man zur Erleichterung des Vorganges freie Säure zusetzt, falls dies ohne Schaden für die Substanz geschehen kann.

Man stellt weiter fest, ob der Körper Stickstoff, Phosphor oder Schwefel enthält. Zur Prüfung auf Stickstoff erhitzt man 0,05 bis 0,1 g der Substanz in einem trockenen Reagenzglas mit Natrium und zieht das Reaktionsprodukt, in dem sich der in der Substanz vorhanden gewesene Stickstoff als Cyannatrium vorfindet, mit Wasser aus. In der Lösung weist man das Cyan als Berlinerblau nach, indem man sie mit Ferrosulfat und Ferrichlorid einige Minuten kocht und dann mit Salzsäure ansäuert[2].

Durch Erhitzen mit Natrium läßt sich auch der Schwefel nachweisen. Es bildet sich dabei Schwefelnatrium, das man durch die mit Nitroprussidnatrium eintretende purpurviolette Färbung oder durch den schwarzen Fleck nachweist, der durch dasselbe auf einer blanken Silbermünze entsteht. Man kann auch den Schwefel durch Erhitzen mit rauchender Salpetersäure oder mit Ätzkali und Salpeter zu Schwefelsäure oxydieren und auf diese mit Bariumchlorid prüfen.

Durch die gleichen Oxydationsreaktionen wird der Phosphor in Phosphorsäure übergeführt und diese durch die Niederschläge erkannt, welche sie mit Magnesiamixtur oder molybdänsaurem Ammonium gibt.

Diesen Vorproben erfolgt die Ermittlung der elementaren Zusammensetzung des Körpers durch die Verbrennung und womöglich die seines Molekulargewichts. Weiterhin stellt man die Löslichkeitsverhältnisse des Körpers und sein Verhalten gegen Reagenzien fest.

---

[1] Über Mikroveraschung siehe Schoeller, A.: Ber. d. Dtsch. chem. Ges. Bd. 55, S. 2191. 1922.

[2] Enthält ein Stoff Schwefel, so ist es besser, auf Stickstoff, d. h. auf das bei der Einwirkung von Natrium gebildete Cyanid mit der Rhodanreaktion zu prüfen. Man konzentriert den filtrierten wässerigen Auszug der Natriumschmelze nach Zusatz von ein wenig gelbem Ammonsulfid auf dem Dampfbade, ohne zur Trockne zu dampfen, säuert nach dem Erkalten mit Salpetersäure stark an, filtriert und versetzt das Filtrat mit einer Lösung von Ferrisulfat oder Eisenalaun. War ursprünglich Stickstoff vorhanden, so entsteht eine beständige blutrote Färbung.

Vorprüfungen.

a) Mikrosublimation. Man erhitzt ein wenig der zerkleinerten Substanz auf dem Tunmannschen Apparat[1], indem man die Objektträger, an welche die flüchtigen Stoffe sublimieren, häufig wechselt.

In manchen Fällen ist es besser, im Vakuum zu sublimieren. Man kann sich dazu des abgebildeten einfachen Apparates (Abb. 1) bedienen. In einem Reagenzglas, das das möglichst fein gepulverte Material und darüber etwas Glaswolle enthält, ist mit Hilfe eines Kautschukschlauchs dicht schließend eine einmal gebogene Glasröhre verbunden, an deren unterem Ende mit Hilfe von ein wenig Glycerin ein in der Mitte durchbohrtes rundes Deckglas befestigt wird. Man setzt das Ganze in ein Sand- oder Ölbad und erhitzt, während man gleichzeitig mit der Wasserstrahlpumpe evakuiert. Das Sublimat setzt sich am Deckglas fest und kann auf diesem bequem mit dem Mikroskop betrachtet werden. Größere Mengen von Material kann man in dem Vakuum-Subli-

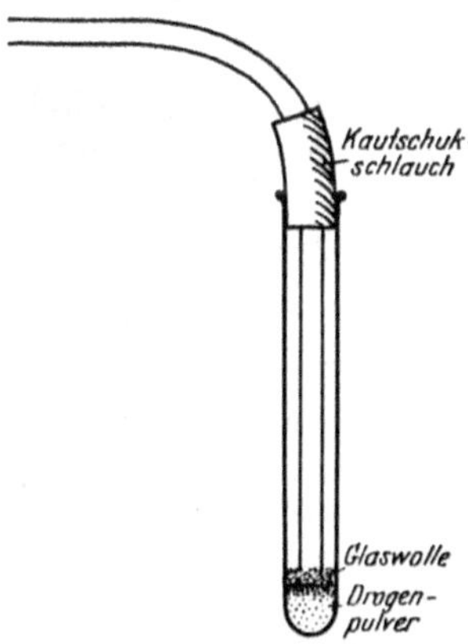

Abb. 1. Vorrichtung zur Vakuum-Sublimation nach Rosenthaler.

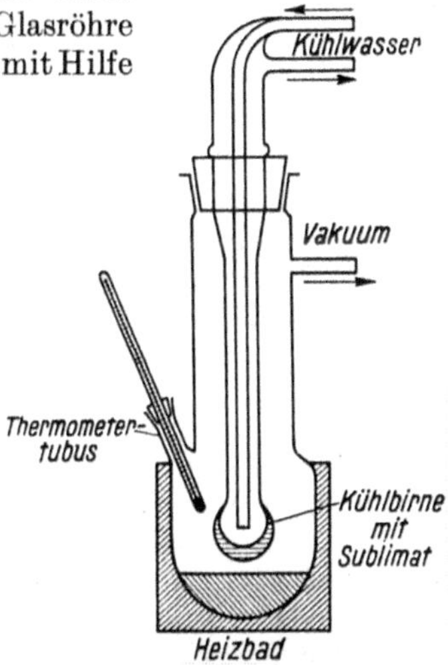

Abb. 2. Vakuum-Sublimationsapparat von E. Tiedemann.

[1] Der Tunmannsche Apparat (Abbildung in Tunmann, O.: Pflanzenmikrochemie, und Rosenthaler, L.: Qualitative pharmazeutische Analyse) besteht aus einem an einem Stativ befestigten Eisenring, auf dem eine Asbestplatte liegt. Auf letztere bringt man mit Hilfe eines Teils eines Objektträgers die zu erhitzende Substanz. Zum Auffangen der Sublimate benützt man Objektträger, die auf der Asbestplatte über der zu erhitzenden Substanz mit Hilfe eines Glasstäbchens oder eines Asbestplättchens ruhen.

mationsapparat von E. Tiedemann (6) verarbeiten. (Zu beziehen durch das Forschungslaboratorium der Siemens & Halske A.-G. und der Siemens-Schuckertwerke G. m. b. H., Berlin-Siemensstadt.)

Der Apparat (Abb. 2) besteht aus einem starkwandigen, unten aufgetriebenen Glaszylinder, der mit einem Vakuumstutzen (und eventuell mit einem Thermometertubus) versehen ist. In den Hals des Zylinders ist mittels Gummistopfen eine Wasserkühlvorrichtung eingepaßt, die aus einem unten birnenförmig aufgetriebenen Glas- oder besser Metallrohr besteht.

Um den Apparat in Betrieb zu setzen, beschickt man den unteren Teil mit dem fein gepulverten und getrockneten Sublimationsgut, setzt Kühlvorrichtung und Thermometer ein, evakuiert mit einer Hochvakuumpumpe (z. B. Ölpumpe) und erhitzt langsam im Ölbade (oder auch elektrisch) auf eine geeignete Temperatur. Man erhält so Sublimate in Form dichter krystalliner Kuchen.

Man betrachtet die etwa gebildeten Sublimate unter dem Mikroskope und prüft sie auf Reaktion, Löslichkeitsverhalten, Vorhandensein von Alkaloiden (s. S. 17) und Oxymethylanthrachinonen (mit Kalilauge Rotfärbung).

Einen Schluß darauf, ob die sublimierten Stoffe bereits in dem Untersuchungsmaterial vorgebildet waren, erlauben diese Verfahren nicht.

b) Man erwärmt eine kleine Menge (5—10 g) des Untersuchungsgegenstandes mit Wasser auf dem Dampfbad auf 50—60^0 und prüft den nach dem Erkalten filtrierten wässerigen Auszug

1. auf seine Reaktion. Die — meist vorhandene — saure Reaktion zeigt die Gegenwart von Säuren, sauren Salzen, Gerbstoffen oder phenolartigen Körpern an.

2. Mit Ferrichlorid. Färbungen treten mit sehr vielen Stoffen ein, blaue oder grüne Färbungen insbesondere mit Gerbstoffen.

3. Mit Bleiacetat. Tritt ein Niederschlag ein, so fällt man vollständig mit Bleiacetat (das Filtrat darf mit Bleiacetat keinen Niederschlag geben) und prüft, ob Bleiessig im Filtrat einen Niederschlag verursacht[1].

Durch Bleiacetat werden viele Säuren, Gerbstoffe, Pflanzenschleime und Eiweißstoffe gefällt, während andere Körper, wie arabisches Gummi und einige Glucoside, erst durch Bleiessig niedergeschlagen werden.

4. Durch Erhitzen mit frisch bereiteter Fehlingscher Lösung. Entsteht ein Niederschlag von Kupferoxydul, so sind reduzierende Substanzen z. B. Glucose anwesend. Wenn keine

[1] Da in dem Filtrat der Bleiacetatfällung freie Essigsäure vorhanden ist, so muß man mindestens so viel Bleiessig zusetzen, daß die Flüssigkeit neutral oder schwach alkalisch reagiert.

Reduktion eintritt, erhitzt man nach Zusatz von Salzsäure, macht dann die Flüssigkeit mit Natronlauge neutral[1] oder alkalisch und erhitzt wieder mit Fehlingscher Lösung. Wird diese jetzt reduziert, so enthielt die Flüssigkeit einen oder mehrere Körper, welche beim Kochen mit Säuren ein reduzierendes Spaltungsprodukt liefern, z. B. Glucoside oder Disaccharide.

c) Man zieht einige Gramm des Untersuchungsmaterials warm mit durch 1 % Salzsäure oder Essigsäure angesäuertem Wasser aus. Das Filtrat prüft man auf dem Objektträger oder im Reagenzglas mit Jodjodkalium und Kaliumquecksilberjodid (allgemeine Alkaloidreagenzien). Treten damit keine Niederschläge ein, so sind keine Alkaloide vorhanden.

Der bejahende Ausfall der sog. allgemeinen Alkaloidreaktionen beweist noch nicht die Anwesenheit von Alkaloiden, da auch mit anderen Stoffen Fällungen eintreten; beispielsweise geben manche Gerbstoffe Fällungen mit Jodjodkalium, Schleime und Glucoside mit Tannin, Kohlenhydrate bei Gegenwart von Salzsäure mit Silicowolframsäure und Phosphormolybdänsäure.

d) Man schüttelt die Droge mit Wasser und ein wenig Soda, die wasserunlösliche Saponinsäuren in Lösung bringt, stark. Bildet sich ein hoher Schaum, so kann dies unter anderem von Pflanzenschleimen, Gerb- und Eiweißstoffen und Saponinen herrühren. Der durch letztere Körper gebildete Schaum hat meist charakteristischen bienenwabenartigen Bau und bleibt unter gleichen Umständen länger stehen als der von anderen Körpern herrührende[2].

Der von Eiweißstoffen herrührende Schaum verschwindet, wenn man die Flüssigkeit kocht, wobei sich in dieser gleichzeitig Flocken bilden können.

e) Man übergießt eine kleine Menge des zu untersuchenden Gegenstandes in einem Reagenzglas oder einem kleinen Glaskölbchen mit Wasser und einigen Tropfen Chloroform. Das Gefäß wird mit einem Korken verschlossen, an dem ein mit Pikratlösung

---

[1] Gibt man zu erhitzter und nicht frisch bereiteter Fehlingscher Lösung eine saure Flüssigkeit, so tritt auch ohne die Gegenwart reduzierender Substanzen die Bildung von Kupferoxydul ein (7). Man muß deshalb entweder die Fehlingsche Lösung immer frisch bereiten oder zu solchen Versuchen eine alkalische Kupferlösung benützen, welche 3,5 g Kupfersulfat, 15,0 reinstes Glycerin, 25,0 citronensaures Natron und 20,0 (15proz.) Natronlauge in 100 cm^3 enthält.

[2] Dieselbe Schaumbildung wie saponinhaltige Pflanzen zeigt Musa paradisica, welche diese Eigenschaften einem Gehalt an Kaliumoleat verdanken soll.

getränktes Papier[1] angebracht ist. In ein zweites ebenso vorbereitetes Reagenzglas gibt man etwas Emulsin, in ein drittes ein wenig verdünnte Schwefelsäure (ohne Chloroform). Haben sich die Pikratpapiere nach eintägigem Stehenlassen nicht rötlich gefärbt, auch nicht, nachdem man Glas 1 und 2 im Dampfbad erwärmt und den Inhalt des Glases 3 zum Sieden erhitzt hatte (der Kork darf dann selbstverständlich nur lose aufsitzen), so ist die Gegenwart blausäureabspaltender Körper ausgeschlossen[2]. Färbt sich das Pikratpapier auf Glas 1 rötlich, wenn die Substanz mit kaltem Wasser übergossen und nach dessen mehrstündiger Einwirkung leicht erwärmt war, während die Färbung nicht eintritt, wenn man die Substanz mit siedendem Wasser übergießt und erhitzt, so ist anzunehmen, daß die Pflanze neben einem Blausäure abspaltenden Glucoside ein die Spaltung bewirkendes Enzym enthält.

Diese Reaktionen sollen nur zu einer vorläufigen Orientierung dienen. Eine weitergehende Untersuchung, insbesondere die Prüfung auf Glucoside, Bitterstoffe und Alkaloide, wird ermöglicht durch

das Verfahren von Stas-Otto.

Die Stas-Ottosche Untersuchungsmethode beruht einerseits darauf, daß die meisten Glucoside und Bitterstoffe in Weingeist und Wasser löslich sind und aus letzterem Lösungsmittel durch Äther oder andere mit Wasser nicht mischbare Flüssigkeiten ausgeschüttelt werden können, andererseits darauf, daß die weinsauren Salze der Alkaloide ebenfalls in Weingeist und Wasser löslich sind, die Alkaloide aber in der Regel aus saurer, wässeriger Lösung nicht mit Äther u. dgl. ausgeschüttelt werden können, und erst in diesen übergehen, wenn sie durch Alkalien aus ihren Salzen frei gemacht worden sind. Zu beachten ist jedoch, daß einige Alkaloide mit schwachen basischen Eigenschaften, wie Colchicin und Veratrin, auch bei Gegenwart von freier Säure durch Äther ausgeschüttelt werden können, und daß es Alkaloide gibt, die, wie die Phenolbasen, mit fixen Alkalien ätherunlösliche Verbindungen eingehen.

Die Salze dieser Alkaloide müssen mit Ammoniak zerlegt werden. In Berücksichtigung dieser Verhältnisse wird die Stas-

[1] Die Pikratlösung ist eine 1proz. noch warm mit 10% krystallisierter Soda versetzter Pikrinsäurelösung.

[2] Weitere Reaktionen auf Blausäure und die anderen in diesem Buch genannten Pflanzenstoffe siehe Rosenthaler, L.: Nachweis organischer Verbindungen, 2. Aufl., Stuttgart 1923.

Ottosche Methode in folgender Weise ausgeführt: Die zu untersuchende Substanz (ca. 25—100 g) wird mit (dem etwa zwei- bis fünffachen) weinsäurehaltigem[1] Weingeist $^1/_2$ Stunde lang am Rückflußkühler erhitzt. Das Filtrat wird auf dem Wasserbad vom Weingeist befreit und der Rückstand mit Wasser aufgenommen, d. h. erst mit wenig, dann mit mehr Wasser, nötigenfalls unter Erwärmen auf dem Dampfbad, angerührt und die wässerige Flüssigkeit kalt filtriert. Ist die Flüssigkeit nicht klar geworden, so dampfe man zur Extraktkonsistenz oder, wenn möglich, zur Trockene ein, nehme mit Weingeist auf und verfahre wieder wie oben, um ein klares, wässeriges Filtrat zu bekommen. Dieses wird zunächst im Scheidetrichter mit Äther mehrmals ausgeschüttelt[2]. Die erste beim Ausschütteln erhaltene Flüssigkeit (A_1) bewahre man, wenn sie stark gefärbt ist, für sich auf, weil die folgenden (A_2) dann weniger gefärbt zu sein pflegen.

Man prüft eine Probe der wässerigen Flüssigkeit mit den Alkaloidreagenzien wie S. 17. Treten keine Niederschläge ein, so kann man den Gang hier abbrechen; bilden sich Niederschläge, so macht man mit Natronlauge stark alkalisch und schüttelt, ohne etwaige Niederschläge abzufiltrieren, wiederholt mit Äther aus. Die so erhaltenen Ausschüttelungen werden vereinigt (B).

Man säuert dann eine Probe der Flüssigkeit an und prüft wiederum wie oben auf Alkaloide. Treten Niederschläge ein, so befreit man die alkalische Flüssigkeit durch Erwärmen vom Äther, gibt Chlorammonium hinzu[3], um Ammoniak zu bilden, und schüttelt mit Chloroform oder Amylalkohol aus (C). Gibt die danach wieder angesäuerte wässerige Flüssigkeit nochmals Fällungen mit den Alkaloidreagenzien, so sind — quantitative Ausschüttelung vorausgesetzt — noch quaternäre Ammoniumbasen vorhanden. Man fällt sie am besten aus der angesäuerten Lösung mit Alkaloidfällungsmitteln und verfährt weiter nach S. 38.

Von den Flüssigkeiten A, B und C destilliert man, nachdem

---

[1] Man nehme nicht mehr Weinsäure als nötig ist, um die Flüssigkeit schwach sauer zu machen. Nach dem Kochen überzeuge man sich davon, ob die Flüssigkeit noch sauer reagiert. Ist dies nicht der Fall, so wiederhole man das Kochen nach Zufügung eines neuen Anteils der Säure.

[2] Man schüttle, um Emulsionsbildung zu vermeiden, nicht gerade hin und her, sondern mache mit dem Scheidetrichter ∞-artige Bewegungen. Wird der Äther trotzdem emulgiert, so lasse man etwas Alkohol in den Scheidetrichter fließen. Manchmal trennen sich die Flüssigkeiten auch bei leichtem Erwärmen oder wenn man sie durch ein angefeuchtetes Filter fließen läßt.

[3] Statt dessen kann man auch mit Salzsäure neutralisieren und die Flüssigkeit mit Ammoniak alkalisch machen.

man sie mit entwässertem Natriumsulfat getrocknet und von diesem abfiltriert hat, die Lösungsmittel bis auf etwa 5 cm^3 ab. Hat sich dabei noch nichts abgeschieden, so gießt man jede der restierenden Flüssigkeiten auf ein Uhrglas oder in eine Krystallisierschale. *A* und *B* läßt man vollends an der Luft verdunsten, *C* auf dem Dampfbad. Verbleiben hierbei Rückstände, was fast immer der Fall ist, oder sind bei der Konzentration der Flüssigkeiten Ausscheidungen entstanden, so muß untersucht werden, ob Ausscheidung und Rückstand *A* Glucoside, Alkaloide, Bitterstoffe u. dgl., ebenso ob Ausscheidungen und Rückstände[1] *B* und *C* Alkaloide enthalten.

Zu diesem Zweck stellt man mit dem Rückstand *A* zunächst die allgemeinen Kohlenhydratreaktionen an: Man fügt zu der in wenig Wasser oder Weingeist gelösten Substanz einige Tropfen einer etwa 20proz. weingeistigen Lösung von α-Naphthol und unterschichtet mit konzentrierter Schwefelsäure. Sind Glucoside (oder Kohlenhydrate) vorhanden, so entsteht ein blauer oder violetter Ring; beim Umschütteln färbt sich die ganze Flüssigkeit ebenso. Nimmt man statt α-Naphthol Thymol, so tritt rote Färbung auf.

Treten diese Färbungen nicht ein, so sind Glucoside (und Kohlenhydrate) nicht vorhanden. Treten sie ein, so reinigt man den Rückstand von etwa vorhandenen Spuren von Kohlenhydraten, indem man ihn in absolutem Äther[2], wasserfreiem Essigäther oder Petroläther löst, die Lösung, wenn nötig, filtriert und wieder verdunsten läßt. Den Rückstand prüft man nochmals mit den allgemeinen Kohlenhydratreaktionen und erhitzt ihn bei deren positivem Ausfall mit Salzsäure, um das Glucosid zu spalten[3]. Liegt in der Tat ein Glucosid vor, so müssen durch die Spaltung mindestens zwei Stoffe entstehen, ein reduzierender Zucker und ein Nichtzucker (Aglukon), letzterer oft schon ohne weiteres etwa als Flocken in die Augen fallend, wenn er in Wasser unlöslich

---

[1] Im Rückstand *A* finden sich auch die neutralen und sauren Stoffe, die mit Äther ausgeschüttelt werden können. Reagiert er sauer, so unterlasse man es nicht, auch auf Weinsäure (s. S. 103) zu prüfen; da auch diese in den Äther übergehen kann.

[2] Absoluten Äther erhält man, wenn man käuflichen Äther erst durch Ausschütteln mit Wasser vom Weingeist befreit, das vom Äther gelöst gehaltene Wasser durch Natrium zersetzt und zuletzt den Äther über Natrium destilliert.

[3] Da manche Glucoside beim Erhitzen unter gewöhnlichem Druck nicht gespalten werden, so muß man den Versuch, wenn er negativ ausgefallen ist, in der Druckflasche oder zugeschmolzenen Glasröhre bei erhöhter Temperatur wiederholen.

ist. Auf den Zucker prüft man zunächst in der, wenn nötig, filtrierten und dann alkalisch gemachten Flüssigkeit durch Erhitzen mit alkalischer Kupferlösung und weiterhin durch Anstellen der Osazonprobe, die man mit der Flüssigkeit nach Filtrieren und Neutralisieren anstellt. Man löst in ihr in der Kälte 0,5 g Phenylhydrazinhydrochlorid und 0,75 g Natriumacetat auf, filtriert nochmals, wenn nötig, und erwärmt $^1/_2$ Stunde im siedenden Wasserbad. Man beobachtet, ob nicht schon in der Hitze ein Niederschlag entsteht, läßt aber auch dann mit dem Wasserbad erkalten und prüft vorhandene Niederschläge unter dem Mikroskop. Die Osazone bilden gelbe Krystalle verschiedener Form (s. auch den Abschnitt Kohlenhydrate).

Man kann den Rückstand *A* auch nach dem Bourquelotschen oder Bridelschen Verfahren prüfen, mit denen man durch Enzyme spaltbare Glucoside neben durch Saccharase (Invertin) spaltbaren Kohlenhydraten, z. B. Rohrzucker, nachweisen kann. Man löst in 50—60 cm³ Thymolwasser, teilt in zwei gleiche Teile und verfährt weiter wie S. 23 angegeben.

Weiterhin prüft man den Rückstand auf Alkaloide. Man löst ein wenig des Rückstandes in sehr verdünnter Salzsäure, filtriert die Flüssigkeit, wenn nötig, und bringt davon je einen Tropfen auf mehrere Objektträger. Daneben bringt man je einen Tropfen eines Alkaloidfällungsmittels (Kaliumquecksilberjodid, Jodjodkalium, Gerbsäure, Pikrinsäure, Silicowolframsäure, vgl. auch S. 17) und bringt die beiden Tropfen mit einem Glasstab zur Berührung. Bei Gegenwart eines Alkaloids zeigt sich eine Trübung an der Berührungsstelle. Dabei ist folgendes zu beachten: Es kann trotz Gegenwart einer Base eine Fällung nicht eintreten. Beispielsweise fällt Coffein nicht mit Kaliumquecksilberjodid. Doch wird man bei geeigneter Auswahl der Fällungsmittel immer Fällungen erhalten können. Andererseits gibt es auch nichtalkaloidische Stoffe, die mit einigen dieser Reagenzien Fällungen geben. So werden einige Glucoside und Kohlenhydrate durch Tannin gefällt. Man sollte deshalb möglichst versuchen, bei positivem Ausfall der Alkaloidreaktionen den Stickstoff nach Lassaigne (s. S. 14) nachzuweisen.

Enthält der Rückstand *A* weder Glucoside noch Alkaloide, so prüfe man vorsichtig seinen Geschmack. Schmeckt er bitter, so kann es sich um einen Bitterstoff handeln.

Die Rückstände *B* und *C* untersucht man in derselben Weise wie *A* auf alkaloidische Beschaffenheit.

Es sei hier noch darauf hingewiesen, daß in vielen Pflanzen sich basische, nicht den Alkaloiden im engeren Sinne zuzurechnende

Stoffe finden, welche Niederschläge mit Alkaloidreagenzien geben. Viel verbreitet sind unter anderem Betain und Cholin. Betain ist durch ein schwerlösliches Golddoppelsalz charakterisiert, gibt eine Blaufärbung mit Ferricyankalium und Ferrichlorid und reagiert neutral; das alkalisch reagierende Cholin (vgl. S. 140). gibt in weingeistiger Lösung einen Niederschlag mit weingeistiger Sublimatlösung. Beide Körper entwickeln mit Kalilauge Trimethylamin und geben (wie noch einige andere von ähnlicher Zusammensetzung) die Florencesche Reaktion (8): Einige Tropfen ihrer Lösung auf einem Objektglas eingedampft geben mit einer starken Lösung von Jod in Jodkalium versetzt Krystalle, die man, wenn man sie sofort unter dem Mikroskop beobachtet, wachsen und wieder verschwinden sieht.

Die Stas-Ottosche Methode ist nicht ohne Nachteile. Zunächst ist Äther für viele Glucoside und Alkaloide ein schlechtes Extraktionsmittel, das vorteilhaft durch Chloroform ersetzt wird. Da letzteres mehr als Äther beim Ausschütteln zur Emulsionsbildung neigt, so bedient man sich bei der Extraktion mit Chloroform am besten der Perforationsmethode (die übrigens auch bei der Verwendung von Äther von Nutzen ist)[1]. Man befestigt den Perforator mittels eines durchbohrten Korkes im Hals eines Kölbchens, das etwa 40—50 g Chloroform enthält, bringt in den Perforator zuerst etwas Chloroform, dann darüber die auszuziehende wässerige Flüssigkeit. Mit dem oberen Ende des Perforators wird ein Rückflußkühler verbunden. Das Kölbchen wird auf dem Dampfbade so erwärmt, daß etwa 30—40 Tropfen in der Minute aus dem Perforator abtropfen. Die Dauer der Perforation soll mindestens 2 Stunden betragen.

Ein weiterer Nachteil der Stas-Ottoschen Methode liegt darin, daß es Stoffe gibt, die sowohl beim Kochen mit Säuren als durch Behandlung mit Alkalien in der Kälte Zersetzungen erleiden. Der schwerste Übelstand der Methode ist aber dadurch bedingt, daß eine Anzahl Glucoside und Bitterstoffe teils in Wasser, teils in Alkohol nicht löslich sind und so überhaupt nicht in die zum Ausschütteln bestimmte Flüssigkeit gelangen.

---

[1] Statt auszuschütteln oder zu perforieren kann man mit dem Schnellextraktionsapparat nach Appuhn-Brügmann-Nielsen (zu beziehen von Emil Dittmar und Vierth, Hamburg) arbeiten, der besonders geeignet ist, wenn im Wasser leichtlösliche Stoffe aus größeren Mengen Flüssigkeit extrahiert werden sollen. Über einen Extraktionsapparat für große Flüssigkeitsmengen s. auch Franzen, H.: Zeitschr. f. physiol. Chemie 129, 307, 1923.

Nachweis von Rohrzucker und Glucosiden nach Bourquelot.

Man bringt 90—95proz. Weingeist, der mit einigen Gramm Calciumcarbonat versetzt ist, in einem genügend großen Kolben auf dem Wasserbad zum Sieden; sobald er zu sieden anfängt, zerschneidet man das zu untersuchende Pflanzenmaterial (250 g) und läßt die Stücke sofort so in den siedenden Weingeist fallen, daß das Sieden dadurch nicht unterbrochen wird. Wenn alles eingetragen ist, läßt man noch 30 Minuten am Rückflußkühler kochen. Durch diese Behandlung werden die Enzyme zerstört und die Glucoside ausgezogen.

Man gießt den Auszug ab, zerkleinert den Rückstand nach Möglichkeit und kocht nochmals mit Weingeist aus. Die vereinigten weingeistigen Flüssigkeiten werden filtriert und im Vakuum zur Trockene eingedampft. Man löst den Rückstand mit Wasser zu 250 cm³ [1], filtriert und versetzt das Filtrat mit ein wenig Toluol (als Antiseptikum).

Man teilt diese Lösung in einen Teil von 50 cm³, der zum Vergleiche dient (*A*) und einen von 200 cm³ (*B*). Beide bringt man in kleine mit einem Korkstopfen zu verschließende Flaschen. Zu der Lösung *B* gibt man 1 g Hefepulver[2] und stellt die beiden Flaschen in einen Trockenschrank, dessen Temperatur 30—35° ist.

Nach 2 Tagen entnimmt man jeder Flasche 20 cm³ Flüssigkeit, fügt je 4 cm³ Bleiessig[3] hinzu, filtriert und prüft die Filtrate im 2-dm-Rohr polarimetrisch. War Rohrzucker vorhanden, so muß die Flüssigkeit *B* gegenüber der Flüssigkeit *A* eine Abweichung nach links zeigen. Zur Kontrolle, ob es sich in der Tat um Rohrzucker handelt, verfährt man folgendermaßen: Man bestimmt den reduzierenden Zucker in den beiden Flüssigkeiten und findet aus der Differenz die Menge von reduzierendem Zucker, welche durch die Einwirkung der Saccharase gebildet ist. Indem man diesen Zucker als Invertzucker betrachtet, berechnet man zunächst

---

[1] Hat man weniger Material, so nimmt man entsprechend weniger Wasser.

[2] Das Hefepulver bereitet man aus frischer Bäckerhefe. Man rührt sie zunächst mit wenig sterilem Wasser an und saugt rasch ab. Dann rührt man sie mit der 8—10fachen Gewichtsmenge 95proz. Weingeist an. Nach 12 bis 15 Stunden saugt man die Masse auf einem Büchnerschen Trichter mit der Pumpe ab, wäscht sie mit wenig Weingeist und dann mit Äther aus und trocknet sie schließlich bei 30—35° im Trockenschrank. Das getrocknete Produkt wird, vor Feuchtigkeit geschützt, in gut verschlossener Flasche aufbewahrt. Will man daraus eine Saccharaselösung machen, so reibt man 1 g mit 100 cm³ Thymolwasser an und filtriert.

[3] Bei stark gerbstoffhaltigen Drogen muß man mehr Bleiessig nehmen.

die Menge Rohrzucker, welche demselben entspricht, hierauf die Drehungsänderung, welche die Hydrolyse dieser Rohrzuckermenge hervorrufen muß. Der durch Rechnung erhaltene Wert muß alsdann gleich sein der beobachteten Drehungsänderung. Sind diese beiden Werte verschieden, so kann es sich um einen anderen durch Saccharase spaltbaren Zucker (Raffinose, Gentianose, Stachyose) oder um ein α-Glucosid handeln. Wiederholt man die Beobachtungen täglich, bis zwei aufeinander folgende Versuche die gleichen Werte ergeben, so kann man den Rohrzucker damit quantitativ bestimmen.

Zum Nachweis von Glucosiden benutzt man die Flüssigkeit *B*, nachdem aller Rohrzucker invertiert ist. Man erhitzt sie zunächst 10 Minuten lang auf 100°, etwa dadurch, daß man sie in verkorkter Flasche in ein siedendes Wasserbad bringt, läßt erkalten und fügt dann 0,5 g Emulsin[1] auf 100 cm³ hinzu. Die weitere Untersuchung erfolgt genau so wie im vorhergehenden bei der Untersuchung auf Rohrzucker angegeben.

Da fast alle durch Emulsin spaltbaren Glucoside nach links drehen und durch die Aufspaltung Glucose liefern (Regel von Bourquelot[2]), so kann man auf die Gegenwart eines Glucosides schließen, wenn die Einwirkung des Emulsins eine Vermehrung des reduzierenden Zuckers und einen Umschlag nach rechts (oder Verminderung der Linksdrehung) hervorruft.

Aus Drehungsänderung und Zuckermenge kann man den Index der enzymolytischen Reduktion (Reduktionsindex) berechnen, d. h. das Verhältnis der in 100 cm³ entstandenen und als Glucose (in Milligramm) berechneten Zucker zu 1° Drehungsänderung (beobachtet im 2-dm-Rohr). Jedes durch Emulsin spaltbare

---

[1] Emulsin kann man sich in folgender Weise herstellen (Verfahren von Robiquet-Herissey mit Abänderungen von Saint-Stéban [11]): 1 kg süße Mandeln wirft man in Anteilen von 250 g in kochendes Wasser, beläßt sie eine Minute und übergießt sie dann mit kaltem Wasser. Man kann dann die Schale leicht abziehen. Die entschälten Mandeln werden so fein als möglich zerkleinert und dann mit zwei Litern eines Gemisches gleicher Teile Wasser und Chloroformwasser 48 Stunden maceriert. Man preßt ab und versetzt die Flüssigkeit zur Fällung des Caseins mit Essigsäure (etwa 8 cm³). Man filtriert nach 3—4 Stunden und versetzt das Filtrat mit dem dreifachen Volumen 95proz. Weingeist. Nach 12 Stunden hebert man die überstehende Flüssigkeit ab, filtriert den Niederschlag mit Hilfe eines Büchner-Trichters und wäscht ihn zuerst mit Weingeist, dann mit Äther. Man trocknet ihn im Vakuum über Schwefelsäure und pulverisiert ihn dann. Über andere Darstellungsverfahren s. Abschnitt Enzyme.

[2] Es gibt Ausnahmen von dieser Regel. Beispielsweise dreht das durch Emulsin spaltbare α-Äthyl-l-Arabinosid nach rechts; doch geht auch hier die Drehung durch die Hydrolyse zurück (M. Bridel und C. Béguin [10])

Glucosid ist demnach durch einen bestimmten Reduktionsindex gekennzeichnet.

Als Beispiel für die Berechnung mögen folgende aus einer Arbeit von M. Bridel und M. Braecke (12) über die Samen von Rhinantus Crista Galli entnommenen Angaben dienen.

	Drehung	Menge des reduzierenden Zuckers.
Bei Beginn	$-8^0 2'$	0,511 g
Nach Saccharase	$-12^0 7'$	3,025 g
Nach Emulsin	$+1^0 2'$	4,939 g

Unter der Einwirkung der Saccharase hat die Linksdrehung um $4^0\,5'$, die Menge des reduzierenden Zuckers um 2,514 g zugenommen. Dies entspricht unter der Annahme, daß es sich um Invertzucker handelt, 2,388 g Rohrzucker. Berechnet man daraus nach der Formel $\alpha = \frac{[\alpha] \cdot l \cdot c}{100}$, in der $l = 2$ und die spezifische Drehung $[\alpha]$ für Rohrzucker $66{,}5^0$, für Invertzucker $-19{,}82^0 - 0{,}04\,p$ ist, die theoretische Drehungsabnahme, so ergibt sie sich $= 3{,}17^0$ (Drehung des Rohrzuckers) $+ 0{,}99^0$ (Drehung des Invertzuckers) $= 4{,}16^0 = 4^0\,10'$, während $4^0\,5'$ beobachtet wurde. Berechnet man den beobachteten Reduktionsindex, so berechnet sich $\frac{2514}{4{,}08} = 616$, während der theoretische Wert für Rohrzucker $= 601$ ist.

Berechnet man den Reduktionsindex für die Emulsinspaltung, so findet man $\frac{1914}{13{,}33} = 143$ in guter Übereinstimmung mit dem theoretischen Wert für Aucubin und man kann noch den Gehalt der Samen an Aucubin zu 3,41% berechnen.

Im folgenden seien noch die Reduktionsindices für einige verbreitete Glucoside angeführt.

Amygdalin	490	Amygdonitrilglucosid	517	Aucubin ca.	140
Arbutin	700	Gentiopikrin	111	Coniferin	278
Meliatin	250	Picein	261	Salicin	321
Methylarbutin	326	Sambunigrin	281	Verbenalin	19

Das Bourquelotsche Verfahren versagt naturgemäß gegenüber allen Glucosiden, die nicht durch Emulsin gespalten werden. Es führt in solchen Fällen zu Schwierigkeiten, in denen das Glucosid, wie z.B. Verbenalin oder das Aglucon, wie bei dem Arbutin reduziert.

Auch kann es vorkommen, daß das Aglucon das Emulsin unwirksam macht und so die völlige Aufspaltung des Glucosids verhindert. In diesem Fall muß man nochmals Emulsin zusetzen und dies so oft wiederholen, bis eine Drehungsänderung nicht mehr eintritt. Auch muß man damit rechnen, daß Glucoside vorkommen können, welche durch Saccharase aufgespalten werden.

Und schließlich muß man beachten, daß alle Zuckerbestimmungen, die auf der Reduktion einer alkalischen Kupferlösung beruhen, bei Gegenwart stickstoffhaltiger Körper fehlerhaft werden können (12a).

Eine Anzahl von Glucosiden (Primverosid, Rutinosid, Rhamninosid), die nicht durch Emulsin gespalten werden, erleiden durch das Enzym Rhamnodiastase[1] eine Hydrolyse. M. Bridel und C. Charaux (13) haben darauf ein biochemisches Verfahren zum Nachweis von Glucosiden begründet, das durchaus dem Bourquelotschen analog ist. Man behandelt wie dort zunächst mit Saccharase und nimmt nur statt Emulsin die Rhamnodiastase (0,05—0,1 g für 100 cm³ Flüssigkeit). Ihre Wirkung ist verhältnismäßig rasch und ist gewöhnlich nach 48 Stunden beendigt. Für die Polarisation muß man die Flüssigkeiten gründlich mit Bleiessig reinigen.

Die Bleimethode.

Hatten die Vorprüfungen mit Bleiacetat und Bleiessig (s. S. 16) ein positives Ergebnis, so untersucht man einen Teil des zu untersuchenden Gegenstandes nach der (besonders von Rochleder ausgearbeiteten) Bleimethode. Man kocht das nötigenfalls erst mit Äther oder Petroläther extrahierte Untersuchungsobjekt mit Wasser aus und versetzt die durch Filtrieren geklärte, am besten siedend heiße Flüssigkeit mit einer Bleiacetatlösung in geringem Überschuß. Der so entstandene Bleiniederschlag (*A*) wird erst mit Bleiacetatlösung, dann mit Wasser ausgewaschen[2], bis das Ablaufende nicht mehr sauer reagiert. Die vom Niederschlag abgetrennte Flüssigkeit (einschl. der durch Abdampfen konzentrierten

---

[1] Zur Darstellung der Rhamnodiastase (14) erschöpft man zuerst die zerriebenen frischen Samen von Rhamnus utilis Decaisne vollständig mit Äther und maceriert den Rückstand 12 Stunden mit der vierfachen Menge Thymolwasser. Man preßt ab, filtriert und versetzt das Filtrat mit der vierfachen Menge 95proz. Weingeistes. Filtrieren, Waschen mit Weingeist und Äther, Trocknen über Schwefelsäure oder im Trockenschrank bei 30°.

Man kann die Rhamnodiastase auch ebenso darstellen wie das Emulsin (s. S. 24 Anmkg. 1).

Oder schließlich verwendet man nur den weißen Kern der Samen, den man gepulvert mit Äther extrahiert. Den Rückstand behandelt man weiter wie bei dem ersten Verfahren.

[2] Da diese Bleiniederschläge sehr oft rasch das Filter verstopfen, so werden sie am besten in Glaszylindern mit dem Waschwasser geschüttelt, nach dem Absetzen von der Waschflüssigkeit durch Abhebern derselben befreit und erst in ausgewaschenem Zustande auf ein Filter gebracht.

Waschwässer) wird mit Bleiessig gefällt, indem man dieselben Bedingungen wie bei der Bleiacetatfällung einhält, und der Niederschlag (B) in der gleichen Weise wie (A) von der Flüssigkeit (B) abgetrennt. Die Niederschläge A und B sowohl, als die Flüssigkeit B müssen nun weiter untersucht werden.

Man versucht zunächst, ob Niederschlag A in kaltem oder kochendem Weingeist wenn auch nur teilweise löslich ist. Hat sich etwas gelöst, was man daran erkennt, daß beim Abdunsten eines kleinen Teiles der alkoholischen Flüssigkeit auf einem Uhrglas ein Rückstand bleibt, so befreit man die Flüssigkeit ($A\ \alpha$) nötigenfalls durch Schwefelwasserstoff[1] vom Blei[2], konzentriert das Filtrat und läßt es zuletzt im Vakuum über Schwefelsäure verdunsten. Den bei der Auskochung mit Alkohol etwa ungelöst gebliebenen Teil des Niederschlags A übergießt man mit 10proz. Essigsäure. Hat sich der Niederschlag A darin nicht völlig gelöst, so kann man durch Zusatz von Bleiessig zu der Flüssigkeit feststellen, ob überhaupt ein Teil desselben in Lösung gegangen ist[3]. Tritt mit Bleiessig ein Niederschlag ein, so fällt man vollständig mit Bleiessig, wäscht den Niederschlag ($A\ \beta$) aus, suspendiert ihn in Wasser und behandelt ihn mit Schwefelwasserstoff. Das Filtrat dampft man ein[4] und läßt es ebenfalls zuletzt im Vakuum über Schwefelsäure verdunsten. Ebenso behandelt man den nach der Einwirkung des Alkohols und der Essigsäure etwa ungelöst gebliebenen Teil des Niederschlages A.

Mit dem Niederschlag B[5] verfährt man im allgemeinen ebenso wie mit dem Niederschlag A, unterläßt jedoch die Behandlung mit Essigsäure, da alle so mit Bleiessig gewonnenen Niederschläge völlig in Essigsäure löslich sind.

---

[1] Statt der Entbleiung durch Schwefelwasserstoff empfiehlt es sich gelegentlich das Blei durch verdünnte Schwefelsäure, Phosphorsäure oder deren Natronsalze zu fällen.

[2] Alles im Gang der Untersuchung gebildete Schwefelblei wird ausgewaschen und jedes für sich aufbewahrt, um weiter untersucht zu werden.

[3] Bleicarbonat, das in dem Niederschlag vorhanden sein konnte, wenn das verwendete Wasser Kohlensäure enthielt, ist hier nicht berücksichtigt.

[4] Zur Vermeidung der beim Abdampfen schwefelwasserstoffhaltiger Flüssigkeiten häufig eintretenden Abscheidung von Schwefel, der wegen seiner feinen Verteilung oft nur schwierig durch Filtrieren zu entfernen ist, kann man vor dem Abdampfen den Schwefelwasserstoff durch Einleiten von Kohlensäure verdrängen.

[5] Vor Zersetzung der Pb-Niederschläge mit H_2S empfiehlt es sich, sie mit CO_2 zu behandeln, um die Verbindungen der Kohlenhydrate und des Inosits zu zerlegen (Franzen und Helwert). Die Behandlung der Niederschläge mit CO_2 und H_2S wird durch Anwendung einer Schüttelmaschine erleichtert, s. Franzen, H.: Zeitschr. physiol. Chemie 122, 86, 1922.

Die Flüssigkeit *B*, welche außer der durch den Gang bedingten Anwesenheit von Blei und Essigsäure noch Glucoside, Bitterstoffe, Alkaloide, Zuckerarten, Salze und dergleichen enthalten kann, wird in gewohnter Weise von Blei, Schwefelblei und Schwefelwasserstoff befreit[1] und zur weiteren Behandlung in drei Teile geteilt. Die Säure des ersteren stumpft man mit Natriumcarbonat so ab, daß er noch schwach sauer reagiert und behandelt ihn dann weiter nach der Stas-Ottoschen Methode (s. S. 18). Den zweiten Teil konzentriert man und läßt im Vakuum über Schwefelsäure verdunsten. Scheiden sich Krystalle ab, so wird die Mutterlauge, nachdem sie von den Krystallen getrennt ist, nochmals eingedampft, von den etwa noch ausgeschiedenen Krystallen abfiltriert und zur Trockene eingedampft. Der Rückstand wird mit Alkohol aufgenommen und die alkoholische Lösung zur Fällung eines etwa in Äther unlöslichen Körpers mit Äther versetzt. So kann man günstigenfalls noch einmal drei Anteile isolieren, einen in Alkohol unlöslichen, einen in Ätheralkohol unlöslichen und einen darin löslichen Bestandteil. Um zu kontrollieren, ob bei diesem Verfahren nicht durch die freie Essigsäure zuletzt Zersetzungen eingetreten sind, neutralisiert man den dritten Teil vor dem Eindampfen mit Natriumcarbonat und behandelt ihn im übrigen wie den zweiten, wobei man zu berücksichtigen hat, daß Natriumacetat in Wasser und Weingeist löslich ist.

Es ist jetzt noch nötig, das im Laufe der Untersuchung gewonnene Schwefelblei zu untersuchen. Bleisulfid besitzt im statu nascendi die Eigentümlichkeit, allerlei Stoffe, besonders färbende und trübende Substanzen, mit sich niederzureißen und darauf beruht einer der Vorteile der Bleimethode. Man behandelt das Schwefelblei der Reihe nach mit kochendem Wasser, kochendem Alkohol und Ammoniak und ermittelt durch Abdampfen jeder der Flüssigkeiten, ob etwas in Lösung gegangen ist. Zuletzt oxydiert man das so vorbehandelte Schwefelblei mit Wasserstoffperoxyd (15) und kocht das gebildete Bleisulfat mit Wasser und dann mit Alkohol aus. Selbstverständlich wird man durch Versuche in kleinem Maßstabe erst das Verhalten des Schwefelbleiniederschlags zu den erwähnten Agenzien feststellen, ehe man die ganze Menge des Niederschlags in Arbeit nimmt.

Auf diese Weise erhält man eine größere Anzahl von krystallinischen Körpern und amorphen Rückständen, deren Natur man

---

[1] Man kann vor dem Einleiten des Schwefelwasserstoffs in einem Teil der Flüssigkeit versuchen, ob nicht auf Zusatz von Ammoniak ein organische Bestandteile enthaltender Niederschlag entsteht, da einige Kohlenhydrate auf diese Weise gefällt werden können.

festzustellen hat. Dies wird durch die Berücksichtigung der Verhältnisse, unter denen die Körper gewonnen wurden, erleichtert. Im Niederschlag *A* können sich z. B. Pflanzensäuren, Gerbstoffe, schleimige Körper und Glucoside finden. Man prüft deshalb das Verhalten der aus Niederschlag *A* gewonnenen Körper ebenso in der früher (s. S. 16) geschilderten Weise gegen Fehlingsche Lösung, wie die aus Flüssigkeit und Niederschlag *B* gewonnenen Substanzen. Aus Niederschlag und Flüssigkeit *B* können unter anderem neben Zuckerarten basische Körper gewonnen werden (aus ersterem nur, wenn sie im freien Zustand im Wasser schwer löslich sind.).

Die vorwiegenden und selten zu umgehenden Nachteile der Bleimethode sind besonders die Anwendung des zur völligen Entfernung des Bleis benötigten Schwefelwasserstoffs, der auf manche organische Körper nicht ohne Einwirkung ist, und das bei der Fällung mit Bleiacetat und bei der letzten Entbleiung eintretende Freiwerden der Essigsäure, die gleichfalls Zersetzungen bewirken kann. Neutralisiert man sie, so hindern ihre in Wasser und Weingeist löslichen Salze häufig die Isolierung der anderen Körper[1].

Wenn sich in den Auszügen nur mit dem einen der Bleisalze (sei es neutrales oder basisches Bleiacetat) Fällungen erzielen lassen, so kann man eine Einführung von Essigsäure häufig dadurch vermeiden, daß man als Fällungsmittel frisch gefälltes Bleihydroxyd (oder evtl. Bleicarbonat) verwendet. Niederschlag und Filtrat behandelt man weiter wie Niederschlag und Flüssigkeit *B*.

Abgesehen von der hier geschilderten systematischen Verwendung werden die genannten Bleiverbindungen[2] in der Pflanzenanalyse vielfach benützt, um Klärung und Entfärbung von Flüssigkeiten zu erzielen.

In manchen Fällen mag es von Vorteil sein, die Bleimethode in weingeistiger Flüssigkeit durchzuführen.

In ähnlicher Weise wie die Bleiverbindungen wirken Salze, Hydroxyd und Carbonat des Kupfers. Es lassen sich mit ihrer Hilfe ebenfalls Trennungen erzielen. Man kann z. B. erst durch das Carbonat Gerbstoffe und Schleime fällen und dann mit dem Hydroxyd andere Körper niederschlagen.

---

[1] Auch ist die Trennung manchmal nur unvollkommen. Ist nämlich der mit Bleiacetat stehende Niederschlag in Essigsäure löslich, so ist die Fällung, da Essigsäure durch die Umsetzung frei wird, unvollständig. Fügt man dann Bleiessig hinzu, so wird die Essigsäure neutralisiert und der durch sie in Lösung gehaltene Anteil des Bleiacetatniederschlags geht in den Bleiessigniederschlag.

[2] An Stelle von Bleihydroxyd kann mitunter Magnesiumoxyd oder frisch gefälltes Aluminiumhydroxyd verwendet werden.

Gang.

Das Prinzip des Ganges besteht in der aufeinanderfolgenden Behandlung des grob gepulverten Untersuchungsmaterials mit einer Reihe verschiedener Lösungsmittel. Die Verdampfungsrückstände der durch Extraktion gewonnenen Flüssigkeiten werden nach demselben Grundsatz weiter untersucht oder nach der Bleimethode behandelt. Oft ist es einfacher, die Auszüge mit geeigneten Flüssigkeiten auszuschütteln, als sie einzudampfen und die Rückstände wieder aufzunehmen. Im allgemeinen genügen 250 g Substanz zu einer derartigen Voruntersuchung. Um einen Einblick in die durch Einwirken der warmen Extraktionsmittel etwa eintretenden Zersetzungen zu erhalten, kann man gleichviel Substanz mit denselben Flüssigkeiten gleichzeitig warm im Extraktionsapparat und kalt im Perkolator ausziehen. In der Regel läßt man jedes Extraktionsmittel so lange einwirken, bis die Substanz nichts mehr an dasselbe abgibt (s. S. 10); nur wenn die Einwirkung eines Lösungsmittels unbedeutend ist, kann man, ohne die Substanz damit erschöpft zu haben, zur Anwendung eines anderen Lösungsmittels schreiten. Um eine gleichmäßige Extraktion des Materials herbeizuführen, nimmt man es von Zeit zu Zeit aus den Apparaten heraus, mischt es durch und bringt es wieder in die Apparate zurück. Beim Wechsel der Extraktionsmittel befreit man (ausgenommen von Extraktion 6 ab) die Substanz durch Verdunstenlassen oder Abdampfen vom vorhergehenden Extraktionsmittel. Das folgende Verfahren dürfte in den meisten Fällen zu einem genügenden Aufschluß über die in einer Droge vorhandenen Körper führen.

1. Extraktionsmittel: Petroläther vom Siedepunkt 35—40°, den man sich durch Fraktionieren der Handelsware leicht darstellen kann. In den Petroläther können übergehen: Fett und fettes Öl, Wachs[1], ätherisches Öl, Farbstoffe, Phytosterin, seltener (in freiem Zustand vorhandene) Alkaloide, Glucoside und harzige Körper. Das Alkaloid entzieht man dem Petroläther durch Ausschütteln mit angesäuertem Wasser. Macht man dieses alkalisch und schüttelt es wieder mit Petroläther heraus, dann geht das Alkaloid in freiem Zustand in den Petroläther über und wird daraus durch Abdunsten gewonnen. Falls, was nicht sehr wahrscheinlich, ein wasserlösliches Glucosid anwesend wäre, würde dieses in dem gleichen Rückstand aufgesucht werden müssen. Dasselbe gilt für andere in Wasser und Petroläther lösliche Körper.

---

[1] Auch Lecithin s. S. 81.

Von der nach dem Ausschütteln mit saurem Wasser verbleibenden Petrolätherlösung, die man durch Auswaschen mit Wasser von etwa aufgenommener Säure befreien kann, destilliert man den Petroläther ab und nimmt den Rückstand mit siedendem 90proz. Weingeist auf, in dem sich alle noch vorhandenen Körper mit Ausnahme des Fettes und des fetten Öles lösen werden[1]. Wachs und Phytosterin werden zugleich mit etwas gelöst gewesenem Fett beim Erkalten des Weingeistes sich ausscheiden und nach S. 65 u. 77 identifiziert werden. Dann versucht man, ob man mit Äther etwas ausscheiden kann. Falls dies nicht gelingt, dunstet man wieder ein und behandelt den Rückstand mit Äther, Methylalkohol, Benzol u. dgl. Flüssigkeiten, um eine Trennung der noch vorhandenen Körper zu erzielen. In den meisten Fällen wird dies möglich sein; wenn nicht, treibt man mit Wasserdämpfen das ätherische Öl über, trennt das Harz wenn möglich durch Aufnehmen mit Kalilauge von dem Glucosid, von dessen Gegenwart man sich nach S. 17 u. 20 vorher überzeugt hatte. Statt dieser Trennung kann man es auch versuchen, den Rückstand in Weingeist aufzunehmen und fraktioniert mit Wasser zu fällen. In den meisten Fällen wird man im Petroläther nicht so viele Körper gelöst finden, als in diesem Beispiel angenommen wurde, und die vorzunehmenden Trennungen werden demgemäß leichter auszuführen sein.

2. Extraktionsmittel: Absoluter Äther. Hat man die in Petroläther löslichen Stoffe völlig ausgezogen, so kann der Äther evtl. andere Glucoside und Alkaloide, andere harzige Bestandteile und Farbstoffe, ätherlösliche Säuren wie Gallussäure und indifferente Körper aufnehmen. Man verdunstet zunächst den Äther und prüft den Rückstand auf die Anwesenheit von Glucosiden und Alkaloiden. Dann behandelt man den Rückstand der Reihe nach mit Wasser[2], angesäuertem Wasser (falls Alkaloide anwesend), Weingeist, Schwefelkohlenstoff und anderen Lösungsmitteln. Sind harzige Körper ausgezogen worden, so versucht man wieder, sie aus der ätherischen Lösung mit Kalilauge zu entfernen oder aus weingeistiger Lösung durch Wasser zu fällen.

3. Extraktionsmittel: Chloroform. Es wird im wesentlichen

---

[1] Je nach der Natur des Öles und Fettes kann von heißem Weingeist ein größerer oder kleinerer Teil derselben gelöst werden. In diesem Fall kann man den Weingeist wieder verdunsten und versuchen, durch Anwendung von verdünntem Weingeist, Äther, Benzol u. dgl. eine Trennung von den übrigen Körpern zu erzielen.

[2] Die wässerige Lösung prüfe man mit Ferrichlorid.

ähnliche Körper in Lösung bringen wie Äther und ist außerdem für kautschukartige Stoffe ein gutes Lösungsmittel.

4. Extraktionsmittel: Absoluter Weingeist. Man nimmt die Substanz aus dem Extraktionsapparat heraus und kocht sie mit Weingeist aus, der auf dem Heißwassertrichter abfiltriert wird. Beim Erkalten des Weingeistes[1] wird man Abscheidungen von Salzen, Saponin oder sich ähnlich verhaltenden Glucosiden und Zuckerarten erhalten. Auf Salze prüft man vorläufig durch Veraschung auf dem Platinblech, auf Glucoside und Zucker nach S. 16 u. 20.

Das Filtrat befreit man durch Destillation von dem größten Teil des Weingeistes, filtriert von sich etwa noch abscheidenden Anteilen ab und fällt mit Äther. Der Niederschlag kann außer den genannten Stoffen unter anderem Gerbstoff oder Alkaloidsalze enthalten. Man löst ihn in Wasser auf und prüft auf diese Körper in bekannter Weise. Unter den sich etwa in Wasser nicht lösenden Körpern prüft man besonders auf Phlobaphene (s. S. 99), Zersetzungsprodukte von Gerbstoffen, die in Alkalien löslich sind und aus den Lösungen durch Säuren ausgefällt werden können.

Die in der wässerigen Lösung befindlichen Körper sucht man nach der Bleimethode zu trennen (s. S. 26).

Die ätherweingeistige Lösung konzentriert man, prüft den Rückstand gleichfalls auf Gerbstoff, Alkaloide, Glucoside u. dgl. und verwendet, falls man nicht mit Lösungsmitteln trennen kann[2], ebenfalls die Bleimethode.

5. Extraktionsmittel: 70proz. Weingeist. Man kocht aus und filtriert heiß. Einen etwa beim Erkalten ausfallenden Niederschlag filtriert man ab, destilliert aus dem Filtrat den Weingeist ab und erhält vielleicht beim Erkalten abermals einen Niederschlag. Die dann noch in Lösung befindlichen Stoffe, die ungefähr dieselben sind, wie die in den absoluten Alkohol gehenden, kann man mit der Bleimethode zu isolieren versuchen.

Das 6. Extraktionsmittel ist kaltes destilliertes Wasser[3].

In Wasser werden sich außer den in den seither verwendeten Lösungsmitteln etwa noch nicht gelösten Bitterstoffen und Glucosiden vorfinden können: die durch Weingeist nicht gelösten Zucker arten, Salze, Gummi, Schleim und Eiweiß, falls dieses nicht durch die vorhergehende Behandlung unlöslich geworden ist.

---

[1] Da er Pflanzensäuren (s. S. 99) aufgelöst haben kann, so prüfe man seine Reaktion.

[2] Beim Aufnehmen mit Wasser können sich wieder Harze abscheiden.

[3] Zur Verhütung von Gärungen kann man mit Chloroform gesättigtes Wasser anwenden.

Auf Eiweiß prüft man durch die allgemeinen Eiweißreaktionen:

1. Erhitzen. Bei Gegenwart von Albuminen entsteht ein in Essigsäure und Salpetersäure unlöslicher Niederschlag.

2. Mit den Alkaloidreagenzien treten Fällungen ein; die der Albumosen können sich im Überschuß des Fällungsmittels wieder lösen.

3. Die Biuretreaktion. Man versetzt mit Kalilauge und einigen Tropfen Cuprisulfatlösung. Blaue oder blauviolette Färbung zeigt die Anwesenheit von Albumin, rote die von Albumosen an.

4. Beim Kochen mit Bleisalz und Kalilauge bildet sich meist Schwefelblei.

5. Mit starker Salpetersäure erwärmt färben sich die Eiweißstoffe gelb und dann mit Ammoniak orangefarben.

6. Ein Teil der Eiweißkörper gibt eine Rotfärbung beim Erwärmen mit Millons Reagens.

Man versetzt, gleichgültig, ob Eiweißstoffe vorhanden sind oder nicht, mit dem gleichen Volumen Weingeist. Dadurch fallen Schleim, Eiweiß und ein Teil der Salze aus. Man löst sie wieder in Wasser und versucht, die Salze durch Dialyse von Eiweiß und Schleim, das Eiweiß durch Erhitzen mit etwas Essigsäure oder Aussalzen vom Schleim zu trennen. Falls dies nicht möglich ist, schlage man die Bleimethode ein, da die Eiweißstoffe durch Bleiacetat, die Schleime häufig erst durch Bleiessig gefällt werden. Nicht selten ist es unmöglich, den Schleim gänzlich von stickstoffhaltigen Bestandteilen zu befreien. Von der wässerig-weingeistigen Flüssigkeit destilliert man den Weingeist ab und verfährt im übrigen nach der Bleimethode.

7. Man kocht mit Wasser aus. Dadurch verkleistert die Stärke; schwerlösliche Schleime, Xylan, Inulin, Pektinkörper, Glycogen, Lichenin u. dgl. gehen in Lösung. Das Inulin kann durch Abdampfen krystallisiert gewonnen werden. Die übrigen Körper werden durch Weingeist amorph ausgefällt. Über ihre Eigenschaften s. S. 125ff.

8. Extraktionsmittel: Kaltes, mit 1 Proz. Salzsäure versetztes Wasser, mit dem man die Substanz mehrere Tage unter öfterem Schütteln digeriert. Diese Flüssigkeit löst die Alkaloide auf, die etwa sich bis jetzt der Extraktion entzogen hatten; ferner schwerlösliche Salze der Pflanzensäuren wie Calciumtartrat und Calciumoxalat und Eiweißstoffe. Auf letztere prüft man wie oben und fällt sie bei positivem Ausfall der Reaktionen durch Aussalzen mit Ammoniumsulfat. Die Flüssigkeit[1] kocht man, um die Pflan-

[1] Waren in der Substanz noch Stärke oder andere in Salzsäure lösliche, in Wasser schwerlösliche Kohlenhydrate vorhanden, so werden in der konzentrierten Flüssigkeit Dextrin und reduzierende Zucker vorhanden sein.

zensäuren zu untersuchen, mit Natriumcarbonat aus und verfährt weiter nach S. 99ff.

9. Durch Erwärmen mit 5proz. Natronlauge zieht man außer Eiweißstoffen „Hemicellulosen“, Pentosane und andere Membranstoffe aus. Näheres über diese Körper s. S. 127ff. Auch Phlobaphene (s. S. 99) können in Lösung gehen.

10. Erwärmen mit verdünnten Säuren bringt evtl. noch Kohlenhydrate in Lösung. Cellulose und ein Teil des Lignins bleiben zurück. Man prüft den Rückstand zunächst auf Lignin, bei dessen Anwesenheit er mit Anilinsulfat und Schwefelsäure gelb, mit Phenol oder Thymol und Salzsäure grün oder blau und mit Phloroglucin und Salzsäure kirschrot wird.

11. Lignin kann auf verschiedene Weise von Cellulose getrennt werden; es wird sowohl durch eine Mischung von chlorsaurem Kalium und Salpetersäure als von Sulfitlauge[1] gelöst, während Cellulose zurückbleibt. Umgekehrt geht nur Cellulose in Lösung (s. S. 128), wenn man den Rückstand mit Kupferoxydammoniak behandelt. Aus der Lösung fällt man die Cellulose durch Salzsäure aus.

Cellulose läßt sich von Lignin auch durch 41proz. Salzsäure abtrennen, welche die Cellulose löst und allmählich zu Dextrose abbaut (16).

In Abänderung des angegebenen Ganges kann man mit J. Zellner (16a) folgendermaßen vorgehen:

Das lufttrockene fein gepulverte Material wird mit 95proz. Weingeist ausgekocht; das Extrakt wird mit warmem Wasser behandelt und die darin unlöslichen Stoffe abfiltriert und im Vakuum getrocknet. Sie werden darauf erschöpfend mit Petroläther (I) und Äther (II) ausgezogen, wobei sich ein Rückstand (III) ergibt. Der wasserlösliche Anteil des weingeistigen Auszugs wird im Vakuum eingeengt und mit Äther und Chloroform (IV) ausgeschüttelt; der verbleibende wässerige Auszug (V) kann etwa nach der Bleimethode (s. S. 26) aufgearbeitet werden. Das mit Weingeist erschöpfte Material wird schließlich mit Wasser (VI) ausgezogen und etwa wie im vorhergehenden weiterbehandelt.

---

[1] Sulfitlauge erhält man, wenn man in ein Gemenge von 50 g Calciumcarbonat und 1500 g Wasser Schwefeldioxyd einleitet, bis alles Calciumcarbonat gelöst ist. Sie löst die Ligninsubstanzen nicht immer vollständig.

Spezieller Teil.

Alkaloide.

Hat man bei der Vorprüfung erkannt, daß das isolierte Alkaloid flüchtig ist, so kann man die zweckentsprechend zerkleinerte Droge nach Zusatz eines nichtflüchtigen Alkalis direkt der Destillation unterwerfen; oder man verwendet zur Destillation einen der (alkalisch gemachten) Auszüge, wie man sie bei den unten zu beschreibenden allgemeinen Darstellungsmethoden erhält, nach denen man auch die flüchtigen Alkaloide ohne Destillation herstellen kann, da diese meistens bei 100° (ohne Wasserdämpfe) nicht flüchtig sind.

Die Darstellung der Alkaloide zerfällt in drei Abschnitte: 1. Extraktion, 2. Darstellung des Rohalkaloides, 3. Reinigung des Rohalkaloides und evtl. Trennung mehrerer Alkaloide voneinander. Meist können die Operationen 2 und 3 nicht streng voneinander getrennt werden.

Für die Extraktion kommen drei Methoden in Betracht:

a) Extraktion mit neutralen Flüssigkeiten. In einigen Fällen lassen sich die Alkaloide oder deren Salze schon durch Äther, Alkohol oder Wasser ausziehen.

b) Extraktion mit sauren Flüssigkeiten. Die Säuren können zu 1 oder 2% in Wasser oder Alkohol gelöst sein. Man verwendet meistens Mineralsäuren, und zwar Salz- oder Schwefelsäure, seltener organische Säuren, letztere dann, wenn zu befürchten ist, daß das Alkaloid durch die Mineralsäuren zersetzt wird.

Man kann nach einem Vorschlage von S. Ghosh a und b auch folgendermaßen kombinieren. Man zieht das Material kalt oder heiß mit Weingeist aus und entfernt den Weingeist am besten im Vakuum. Den Rückstand kann man entweder in wenig kaltem Eisessig lösen und die Lösung unter ständigem Umrühren in so viel Wasser gießen, daß eine 1proz. Lösung von Essigsäure entsteht, die die Alkaloide gelöst hält; oder man nimmt ihn unter kräftigem Rühren mit 0,5—1proz. Salz- oder Schwefelsäure auf. Aus den

Lösungen werden dann die Alkaloide mit Alkalien (s. S. 37) frei gemacht.

c) Extraktion bei alkalischer Reaktion. Man mischt entweder die auszuziehende gepulverte Droge mit dem Alkali, wobei man, um Zersetzungen zu vermeiden, sich der schwächeren Alkalien, Calcium- oder Bariumhydroxyd bedient, indem man das Gemenge von Droge und Alkali befeuchtet, die Masse trocknet und dann mit einem geeigneten Lösungsmittel extrahiert. Solche Lösungsmittel sind: Kohlenwasserstoffe der Fettreihe (Petroläther, Benzin, Ligroin, Paraffinöl) und der Benzolreihe (Benzol, Toluol, Xylol u. dgl.), Alkohol, Tetrachlorkohlenstoff, Äther, Aceton u. dgl.

Oder man wendet alkalisch gemachte Lösungsmittel an. Als Alkali dient in diesem Fall am besten Ammoniak. Gute Erfolge wurden schon mit ammoniakalisch gemachtem Weingeist und Chloroform[1] erzielt. Zur Darstellung der ammoniakalischen Flüssigkeiten kann man sich des käuflichen Salmiakgeistes bedienen. Man treibt aus ihm durch Erhitzen das Ammoniak aus, leitet es zur Entwässerung über gebrannten Kalk und dann in das Extraktionsmittel.

Man kann auch, ehe man bei Gegenwart von Alkali extrahiert, zunächst aus schwach saurem Medium saure und neutrale Begleitstoffe entfernen, so in dem (patentierten) Verfahren, das Stoll angewandt hat, um das Ergotamin aus dem Mutterkorn darzustellen. Durch Befeuchten mit einer 5proz. Lösung von Aluminiumsulfat werden in der amphoteren Zelle zunächst basische Gruppen abgesättigt und saure in Freiheit gesetzt. Zieht man jetzt mit Äther und Benzol aus, so kann man saure und neutrale Begleitstoffe entfernen. Dann setzt man Alkali hinzu, um die Base in Freiheit zu setzen und zieht sie dann mit den genannten Lösungsmitteln aus.

Mit Hilfe der letzten Methoden ist es wohl in günstigen Fällen möglich, lediglich durch Verdunsten des Extraktionsmittels zu einem nicht allzusehr verunreinigten Rohalkaloid zu gelangen. Ebenso ist es nicht ausgeschlossen, daß man in einzelnen Fällen durch Ausschütteln der mit den Extraktionsmethoden a und b hergestellten wässerigen Flüssigkeiten[2] durch eine geeignete Flüssigkeit das in den ersteren gelöste Alkaloid in letztere überfüh-

---

[1] Bei Anwendung von Chloroform ist zu beachten, daß manche Alkaloide imstande sind, mit Chloroform Verbindungen einzugehen oder es nach Art der Alkalien zu zersetzen.

[2] Hatte man nicht Wasser zur Extraktion benützt, so verdunstet man das Lösungsmittel und nimmt mit Wasser auf.

ren und aus dieser Lösung durch Abdampfen gewinnen kann. Man dampft jedoch nie bis zur Trockne ein, sondern läßt die durch Abdampfen konzentrierte Flüssigkeit im Vakuum langsam verdunsten, um die Bildung von Krystallen zu ermöglichen.

Meistens muß man jedoch bei Anwendung der Methoden a und b die Alkaloide durch ein Alkali zur Abscheidung bringen. Hierzu können in manchen Fällen auch die Bicarbonate und Carbonate der Alkalien verwendet werden und außer den Hydroxyden der Alkalien die der Erdalkalien und Ammoniak. Es ist bereits früher (S. 18) darauf aufmerksam gemacht worden, daß durch aufeinanderfolgende Anwendung dieser Fällungsmittel eine Trennung mehrerer gleichzeitig anwesender Alkaloide erzielt werden kann, ebenso darauf, daß einige Alkaloide in Ätzalkalien löslich sind. Die abgeschiedenen Alkaloide werden auf Filtern oder Nutschen gesammelt und in gewohnter Weise von den Mutterlaugen befreit.

Scheidet sich durch die Alkalien ein Alkaloid ab, so kann man versuchen, es mit Äther, Chloroform, Benzol u. dgl. auszuschütteln; in einzelnen Fällen (Galegin) hat sich Amylalkohol als geeignet erwiesen. Aus den so erhaltenen Lösungen gewinnt man das Alkaloid entweder durch Verdunsten des Lösungsmittels oder man schüttelt es mit verdünnten Säuren aus. Man kann aus den Lösungen entweder direkt die Salze herstellen oder, nach Konzentrierung die Alkaloide durch Alkalien zu fällen versuchen.

Oft zieht man es vor, die alkaloidhaltigen Flüssigkeiten einer Reinigung zu unterziehen, ehe man die Alkaloide abscheidet.

α) Man nimmt wie in der Stas-Ottoschen Methode wiederholt mit Wasser und Weingeist auf.

β) Man entfärbt mit Kohle, am besten Tierkohle, die man frisch ausgeglüht hat. Dies Verfahren empfiehlt sich nicht immer, da manche Alkaloide durch Tierkohle in nicht unbedeutendem Maße adsorbiert werden. Auf alle Fälle muß die Kohle mit angesäuertem Wasser extrahiert und dieses mit Alkaloidreagenzien auf die Anwesenheit von Alkaloiden geprüft werden.

γ) Man behandelt die wässerige oder weingeistige Flüssigkeit mit Bleiacetat oder Bleiessig. Entfernung des überschüssigen Bleisalzes durch Schwefelwasserstoff u. dgl. wie üblich. Rochleder hat bereits darauf aufmerksam gemacht, daß man beim Fällen wässeriger Flüssigkeiten mit Bleiessig solche Alkaloide, die in Wasser schwer löslich sind, in den Niederschlag hineinbekommen kann.

δ) Durch Ausschüttelung. Aus den neutralen oder sauren Flüssigkeiten lassen sich oft Verunreinigungen durch Ausschütteln mit geeigneten Flüssigkeiten (s. oben) entfernen, ohne daß ein wesentlicher Alkaloidverlust eintritt. Nach dem Alkalischmachen schüttelt man die Flüssigkeit wieder aus, das Alkaloid geht in das Lösungsmittel 2 über, ein großer Teil der Verunreinigungen bleibt in der wässerigen Flüssigkeit zurück. Aus Lösungsmittel 2 kann man das Alkaloid durch Ausschütteln mit angesäuertem Wasser in dieses überführen, dieses wieder alkalisch machen, wieder mit Lösungsmittel 2 ausschütteln und diese Operationen so lange wiederholen, bis eine genügende Reinigung erzielt ist. Diese wird bei farblosen Alkaloiden an der allmählich eintretenden Entfärbung der Flüssigkeiten zu kontrollieren sein. Die Ausschüttelungen wiederholt man bei jeder Einzeloperation so lange, bis die auszuschüttelnde Flüssigkeit kein Alkaloid mehr enthält, was man durch Fällungsversuche mit Alkaloidfällungsmitteln feststellt. Mit den wässerigen Flüssigkeiten kann man sie direkt anstellen, bei anderen Flüssigkeiten dunstet man einen kleinen Teil derselben auf dem Wasserbad ab und nimmt mit angesäuertem Wasser auf (s. S. 17).

ε) Eine sehr rasche und gründliche Reinigung erzielt man häufig dadurch, daß man das Alkaloid aus der es enthaltenden Flüssigkeit durch Alkaloidfällungsmittel niederschlägt und durch deren Zersetzung das Alkaloid zurückgewinnt. Das frei gemachte Alkaloid kann man dann durch Ausschütteln u. dgl. in reinem Zustand erhalten. Das Ausschütteln bietet in diesem Fall noch den Vorteil, daß nichtalkaloidische Stoffe, wie Eiweiß, die gleichfalls durch manche Alkaloidfällungsmittel niedergerissen werden, von den frei gemachten Alkaloiden ferngehalten werden, ein Ziel, das man übrigens durch einfaches Aufnehmen der betreffenden Rückstände durch nichtwässerige Lösungsmittel meist auch erreichen kann.

Unter den Fällungsmitteln seien erwähnt:

a) Gerbsäure. Die mit Wasser oder Weingeist fein angeriebenen Niederschläge zersetzt man durch Erwärmen mit frisch gefälltem Bleihydroxyd oder ebenfalls frisch gefälltem Bleicarbonat. Auch Magnesiumoxyd oder Zinkoxyd lassen sich dazu verwenden. Das frei gemachte Alkaloid schüttelt man entweder aus der wässerigen Lösung aus oder gewinnt es nach der Filtration durch Abdampfen usw.

b) Krauts Kaliumwismutjodidlösung[1]. Man fällt in mit Schwefelsäure angesäuerter Lösung. Der noch feuchte Nieder-

[1] Man stellt dies Reagens dar (17), indem man 80 g basisch salpetersaures Wismut in 200 g Salpetersäure 1,18 spez. Gew. löst und diese Flüssigkeit in eine konzentrierte wässerige Auflösung von 272 g Jodkalium gießt. Nach dem Auskrystallisieren des Salpeters verdünnt man die Flüssigkeit auf ein Liter.

schlag wird mit so viel Silbercarbonat zusammengerieben, daß die rote Färbung der Mischung verschwindet und das Filtrat keine Jodreaktion mehr gibt. Etwa in der Lösung vorhandenes Silber entfernt man durch Schwefelwasserstoff.

Oder man kocht den Niederschlag mit überschüssigem Bariumcarbonat und Wasser, filtriert und wäscht aus[1]. Die vereinigten Filtrate werden bis zur Sirupkonsistenz eingedampft, mit überschüssigem Barytwasser versetzt und ausgeäthert.

Die wässerige Flüssigkeit neutralisiert man mit verdünnter Schwefelsäure und dann mit so viel Silbersulfat oder wegen dessen Schwerlöslichkeit abwechselnd mit so viel Schwefelsäure und Silberkarbonat, bis eine abfiltrierte Probe keine Jodreaktion mehr gibt. Der Niederschlag wird abfiltriert und gewaschen, das Filtrat durch Schwefelwasserstoff von Silber, durch vorsichtige Ausfällung mit Ätzbaryt von Schwefelsäure befreit und dann etwas eingedampft oder sonst in geeigneter Weise aufgearbeitet.

c) Phosphormolybdän-, Silikowolframsäure, oder Phosphorwolframsäure. Die Niederschläge werden durch die Hydroxyde oder Carbonate der Alkalien und Erdalkalien, wenn nötig unter Erhitzen[2] zersetzt. Die Flüssigkeit wird in geeigneter Weise durch Ausäthern u. dgl. aufgearbeitet. Hatte man Bariumhydroxyd angewandt, so befreit man vorher die Flüssigkeit vom überschüssigen Barium durch Einleiten von CO_2.

d) Jodkaliumquecksilberjodid. Die Niederschläge lassen sich ebenfalls durch Hydroxyde oder Carbonate von Alkalien und Erdalkalien zersetzen.

e) Platinchlorid oder Goldchlorid. Aus den in Wasser fein verteilten Niederschlägen können die Edelmetalle durch Schwefelwasserstoff oder durch Alkalicarbonat entfernt werden.

f) Weinsäure. In manchen Fällen lassen sich Alkaloide aus wässeriger oder wässerig-weingeistiger Lösung als Bitartrate ausfällen. Zur Aufarbeitung des Niederschlags wurde nach einem patentierten Verfahren (18) schon so vorgegangen: Der Niederschlag

---

Statt des Krautschen Reagens kann man auch Wismutjodid-Bariumjodid oder Wismutjodid-Ammoniumjodid verwenden (C. Neuberg). Zur Herstellung des ersteren löst man 118 g Wismutjodid in einer konzentrierten Lösung von 65 g Bariumjodid und verdünnt evtl. unter Zusatz einiger Tropfen Jodwasserstoff und Salzsäure auf 500 cm³; zur Herstellung der Ammoniumverbindung trägt man 118 g Wismutjodid in einer Lösung von 43,5 g Ammoniumjodid in 200 cm³ Wasser ein und verdünnt auf 500 cm³.

[1] Man tut gut daran, den Rückstand noch mit Weingeist u. dgl. auszuziehen.

[2] Man vermeide, wenn möglich, zu erhitzen, da dadurch manche Basen zersetzt werden.

wurde nach Waschen mit Weingeist in Wasser aufgenommen, wobei Weinstein ungelöst blieb. Die Lösung wurde mit Schwefelsäure normal gestellt und anteilsweise unter Umrühren so lange mit Phosphorwolframsäure versetzt, bis eine Probe des Filtrats mit 10proz. wässeriger Phosphorwolframsäure keine Trübung mehr gab. Der Niederschlag wurde durch Schütteln mit Bleizuckerlösung zerlegt, die vom Blei befreite Lösung wieder eingeengt und das Alkaloid aus der weingeistigen Lösung des Rückstandes nochmals mit Weinsäure gefällt.

g) Anthrachinon-β-Monosulfosäure. Beispielsweise wird α-Lobelin so gewonnen, daß man die weingeistige Lösung mit der weingeistigen Lösung des Reagens fällt und das abgeschiedene Salz mit Ammoniak zerlegt.

Falls das auf diese Weise gewonnene Alkaloid noch nicht genügend rein ist (es wird dann noch etwas gefärbt sein oder keine Neigung zur Krystallisation zeigen), so muß es weiter gereinigt werden. Zu diesem Zweck behandelt man es entweder mit Kohle oder wiederholt eines der oben geschilderten Darstellungsverfahren, die Ausschüttelungen oder Fällungen und Zersetzung der Niederschläge. Auch das Aufnehmen mit verschiedenen Lösungsmitteln mag versucht werden, ebenso Fällungen wie Ausfällen der absolutalkoholischen Lösung mit Petroläther oder Wasser u. dgl.

Ein oft eingeschlagener Weg zur Reinigung besteht darin, Salze (oder Doppelsalze) herzustellen, da diese nicht selten besser krystallisieren als die freien Basen, und durch deren Zersetzung die Basen zurückzugewinnen.

Zur Herstellung der Salze neutralisiert man die Base bei Gegenwart von Wasser oder Weingeist mit der Säure und krystallisiert aus einem geeigneten Lösungsmittel um. Aus der wässerigen Lösung kann man hier und da das Salz durch Alkohol, aus der weingeistigen durch Zusatz von Äther fällen. Die doppelte Umsetzung kann man verwerten, um aus einem Salze ein anderes darzustellen, so Chloride durch Umsetzung des Alkaloidsulfats durch Bariumchlorid.

Gold- und Platindoppelsalze (s. oben) krystallisieren oft gut.

Zu den schwierigsten und interessantesten Arbeiten der Pflanzenchemie gehört die Feststellung der Tatsache, ob die aus einer Pflanze gewonnenen alkaloidischen Bestandteile aus mehr als einem Alkaloid bestehen und die Aufgabe, diese Alkaloide voneinander zu trennen. Die Trennung kann sich schon im Verlauf der Darstellung ergeben, z. B. wenn bei dem Ausschüttelverfahren ein Alkaloid schon aus neutraler oder mit fixen Alkalien alkalisch gemachter Flüssigkeit ausgeschüttelt werden kann, während vielleicht der zweite Bestandteil erst aus ammoniakalischer Flüssigkeit in das Ausschüttelungsmittel übergeht. Auch ein verschiedenes Verhalten der Alkaloide gegen Lösungsmittel kann man zur Trennung verwerten, sei es, daß man schon bei der Darstellung zu den Ausschüttelungen mehrere Flüssigkeiten nacheinander anwendet, z. B. zuerst Petroläther, dann Äther und zuletzt Chloroform, oder daß man das Verhalten der abgeschiedenen Alkaloide gegen Lösungsmittel untersucht. Bei der Reinigung wird sich gleichfalls oft die Möglichkeit zu Trennungen ergeben. Es können sich die Bestandteile des Alkaloidgemenges bei den Fällungen durch physikalisch oder chemisch wirkende Agenzien verschieden verhalten. Möglicherweise ist der eine Bestandteil, wenn man mit Äther aus weingeistiger Lösung fällt, in Ätherweingeist löslich, oder er scheidet sich bei der Fällung mit Platinchlorid schon in wässeriger Lösung aus, während ein Begleitkörper erst durch einen Zusatz von Weingeist niedergeschlagen wird u. dgl. m.

Die auf der verschiedenen Basizität der Alkaloide beruhende fraktionierte Sättigung mit Säuren ist ebenfalls oft ein sehr geeignetes Trennungsverfahren. Man stellt durch Versuche fest, wieviel Säure das Alkaloidgemenge zur Neutralisation braucht, löst es dann in einem mit Wasser nicht mischbaren Lösungsmittel und schüttelt dann zehnmal mit dem zehnten Teil der zur Neutralisation genügenden Säuremenge aus. Aus jeder Fraktion wird das Alkaloid wieder frei gemacht.

Physikalisch-chemisches über die Trennung von Alkaloiden s. Kolthoff, J. M.: Biochem. Zeitschr. **162**, 289.

Als Beispiel einer komplizierten Trennung sei das Verfahren geschildert, mit dem J. Gadamer und K. Winterfeld (19) die Nebenalkaloide von Chelidonium majus aufgearbeitet haben. Das gesamte Basengemisch wurde in einer hinreichenden Menge Weingeist warm gelöst und allmählich unter stetem Umrühren mit der berechneten Menge weingeistiger Pikrinsäurelösung versetzt, worauf die Mischung nach weiterem Zusatz von Weingeist auf dem Wasserbade zum mäßigen Sieden erhitzt wurde. Dabei fiel ein Teil der Pikrate aus, ein anderer Teil beim Erkalten. Das Filtrat wurde langsam eingeengt und die je nach ihrer Löslichkeit sich ausscheidenden Anteile in acht Fraktionen getrennt.

Die Zerlegung und Aufbereitung der einzelnen Fraktionen geschah folgendermaßen: Sie wurden fein zerrieben mit Wasser angeschlämmt in einen Scheidetrichter gespült; nach Ansäuern mit Salzsäure wurde so lange mit Äther ausgeschüttelt, bis die Pikrinsäure fast vollständig in den Äther hineingegangen war. Die salzsauer-wässerige Alkaloidlösung wurde ammoniakalisch gemacht und wiederholt ausgeäthert. Der Äther wurde abdestilliert, der Rückstand angesäuert, mit Wasser verdünnt und nach Zugabe einer überschüssigen Menge Ammoniak von neuem ausgeäthert. Dieses Verfahren mußte mehrfach wiederholt werden, ehe die letzten Spuren Pikrinsäure beseitigt und die Ätherlösungen vollkommen farblos waren. Aus den eingeengten Ätherlösungen der höherschmelzenden Pikratfraktionen schieden sich beim ruhigen Stehen die Alkaloide krystallinisch ab.

Da die aus den niedrigschmelzenden Pikratfraktionen erhaltenen freien Basen nicht zur Krystallisation zu bringen waren, wurden sie in Perchlorate übergeführt. Die Lösung der Basen in Salzsäure und Wasser wurde fraktioniert mit Perchlorsäure gefällt. Die einzelnen Fällungen wurden mehrere Wochen beiseitegestellt. Dann wurden sie abgesaugt und zwischen Fließpapier über Schwefelsäure getrocknet. Jede Fraktion wurde fein zerrieben, mit Wasser heiß gelöst und nach dem Übersättigen mit Ammoniak mit Äther erschöpfend ausgeschüttelt.

Mit den so erhaltenen Basen konnte z. T. eine weitere Trennung dadurch erzielt werden, daß die aus ihnen dargestellten Rhodanide mit Weingeist behandelt wurden, in dem nur ein Teil leicht löslich war.

Die quantitative Bestimmung der Alkaloide erfolgt auf gewichtsanalytische oder maßanalytische Weise. Die im ersten Fall einzuschlagende Methode muß sich aus der Darstellung und den Eigenschaften des Alkaloides ergeben.

In vielen Fällen kann man etwa folgendermaßen vorgehen: Man übergießt das gepulverte Material mit dem mit Wasser nicht mischbaren Lösungsmittel und setzt das Alkali (Alkalilauge, Ammoniak, Sodalösung) hinzu. Nach genügendem Schütteln gießt oder filtriert man einen bestimmten Teil der Lösung ab und schüttelt sie mit verdünnter Salzsäure vollständig aus. Die sauren Auszüge macht man wieder alkalisch, schüttelt wieder vollständig mit einem geeigneten Lösungmittel aus, verdunstet dann dieses und trocknet den Rückstand bis zur Gewichtskonstanz.

Für eine maßanalytische Bestimmung muß das Äquivalentgewicht des Alkaloids oder Alkaloidgemisches bekannt sein. Um die Bestimmung auszuführen, kann man verschiedene Wege einschlagen:

a) Man durchschüttelt das Material mit einem mit Wasser nicht mischbaren Alkaloidlösungsmittel (Äther, Chloroform, Mischung der beiden) und setzt dann Alkali hinzu. Nach einiger Zeit, innerhalb deren man häufig schüttelt, gießt oder filtriert man einen bestimmten Teil der Flüssigkeit ab, destilliert und titriert den

Rückstand (unter Verwendung von Hämatoxylin oder Methylrot) entweder direkt mit $^n/_{10}$- oder $^n/_{100}$ -Säure oder indirekt, indem man zunächst in überschüssiger Säure löst und mit Alkali zurücktitriert. In diesem Fall läßt sich meist Jodeosin verwenden.

b) Man bringt die Alkaloide zunächst in Lösung wie in a, schüttelt sie aber daraus mit verdünnter Säure aus, führt sie aus dieser Lösung nach Alkalischmachen wieder in eine mit Wasser nicht mischbare Flüssigkeit über, destilliert diese ab und titriert den Rückstand wie in a angegeben.

c) Man zieht mit Wasser oder verdünnten Säuren aus, fällt das Alkaloid mit Alkalien, wäscht das Alkali aus und titriert das Alkali wiederum entweder direkt (nach vorheriger Lösung in Weingeist) oder indirekt. Als Beispiel für ein derartiges Verfahren sei die Morphinbestimmung in Opium genannt.

Glucoside.

Allgemeine Darstellungsmethoden lassen sich für die Glucoside, ausgenommen die Gruppe der Saponine, nicht angeben, da ihre physikalischen und chemischen Eigenschaften sehr verschiedene sein können.

Zumeist geht man zu ihrer Darstellung von wässerigen oder weingeistigen Auszügen aus. Da aber die Glucoside fast immer von Enzymen begleitet sind, die sie spalten, so geht man fast immer[1] so vor, daß man das zerkleinerte Material in die siedenden Flüssigkeiten einträgt (vgl. S. 23). Um die spaltende Wirkung gleichzeitig vorhandener Säuren zu vermeiden, setzt man von Anfang an genügend Calciumcarbonat zu. Man wird bei der ersten Extraktion heiß abfiltrieren, da es manchmal so gelingt, sofort das gesuchte Glucosid krystallinisch zu erhalten (Beispiel Amygdalin). Bekommt man bei Erkalten keine Ausscheidungen, sei es bei der ersten Extraktion oder bei den folgenden, so wird man die jeweils folgenden Extraktionen kalt abfiltrieren, weil es Glucoside gibt (z. B. Condurangin), die in der Hitze ausfallen und in der Kälte wieder in Lösung gehen.

In der Regel muß man die Auszüge erst reinigen, ehe man sie auf Glucoside verarbeiten kann. Hatte man mit Wasser ausgezogen, so wird man meist die Bleimethode anwenden. Auch mit Kupfercarbonat und Kupferhydroxyd kann man die Gerbstoffe und andere Verunreinigungen entfernen. Manchmal verwendet

[1] Man kann die Enzyme manchmal auch dadurch ausschalten, daß man das Material in weingeistige Bleiacetatlösung einträgt.

man dazu auch amalgamiertes Aluminium[1] (5 g auf 200 cm^3 Flüssigkeit) oder Aluminiumhydroxyd.

Die Reinigung der Auszüge kann man nach S. Ghosh (20) folgendermaßen vornehmen: In den wässerigen Auszug schüttet man eine gepulverte Mischung von Bleichlorid (bei einer Rinde 10% von deren Menge) und Bleioxyd ($^1/_3$ des Bleichlorids) und leitet 5—10 Minuten unter kräftigem Rühren Dampf durch. Die Lösung neutralisiert man mit 10proz. Lösung von Soda und filtriert nach dem Abkühlen an der Wasserpumpe. Das meiste Blei fällt als Carbonat aus, der Rest wird durch Schwefelwasserstoff entfernt.

Daß man das Verfahren des Ausschüttelns gelegentlich zur Darstellung benützen kann, geht aus der Schilderung der Stas-Ottoschen Methode (s. S. 18) hervor.

Es ist in solchen Fällen oft von Vorteil, die wässerige Lösung mit Kochsalz oder einem anderen Salz zu sättigen.

Häufig anwendbare Ausführungsweisen sind die folgenden Verfahren, von denen das erste bei der Darstellung von Blausäureglucosiden, das zweite bei der von Glucosiden der Digitalisgruppe gute Dienste geleistet hat.

1. Das Material wird in der auf S. 23 angegebenen Weise mit Weingeist ausgezogen. Von den Filtraten wird der Weingeist abdestilliert und der Rückstand mit Wasser aufgenommen. Die wässerige Flüssigkeit wird mit Bleiacetat versetzt, das Filtrat der Bleifällung vom überschüssigen Blei durch Schwefelwasserstoff befreit und danach zur Sirupdicke eingedampft. Der Sirup wird am Rückflußkühler wiederholt mit Essigäther ausgekocht der dann beim Erkalten das Glucosid ausscheidet.

2. Das Material wird in zwei Anteilen mit der dreifachen Meng kaltem Wasser angesetzt und nach 12 Stunden scharf abgepreßt Der eine der Preßkuchen wird nochmals mit derselben Wasser menge verrührt, sofort wieder gepreßt und mit diesem Preßsaf der andere Kuchen ausgezogen. Man kann noch ein drittes Ma in dieser Weise ausziehen. Die vereinigten Auszüge reinigt ma durch Zusetzen einer konzentrierten Lösung von neutralem Ble acetat im Überschuß, Abkolieren und Abpressen des Bleiniede schlags und Fällen des Bleisalzüberschusses mit Natriumphospha Das Filtrat schüttelt man mit Chloroform aus. Die Chlorofor auszüge werden mit wasserfreiem Natriumsulfat getrocknet un im Vakuum abdestilliert oder nur konzentriert und mit Petro äther gefällt.

[1] Man stellt es dar, indem man metallisches Aluminium 3 Minuten $^1/_2$proz. Quecksilberchloridlösung eintaucht und dann abwäscht.

Dies Verfahren erlaubt gleichzeitig eine Trennung von saponinartigen (s. unten) Begleitstoffen, da diese nicht in das Chloroform übergehen (F. Kraft) (21).

Eine besondere Methodik erfordert die Darstellung des Hesperidins und der ihm verwandten Glucoside (22). Man übergießt das Material mit 2proz. wässeriger Natronlauge und läßt unter zeitweiligem Durchrühren einige Tage bei Zimmertemperatur stehen. Die Lauge wird abgezogen, das Pflanzenmaterial ausgepreßt und nochmals mit 2proz. Natronlauge ausgezogen. Das Ausziehen und Auspressen wird so lange wiederholt, bis der Auszug nur noch schwach gefärbt ist. Die vereinigten alkalischen Auszüge werden mit Salzsäure angesäuert. Der Niederschlag wird durch Dekantieren ausgewaschen und wieder in Natronlauge gelöst. In die Lösung wird Kohlensäure eingeleitet. Der — oft erst nach einiger Zeit entstehende — Niederschlag wird abfiltriert, ausgewaschen, abermals in verdünnter Natronlauge gelöst und aus der Lösung wieder durch Kohlensäure ausgefällt. Dies Verfahren wird wiederholt, bis die Farbe des Niederschlags sich nicht mehr wesentlich ändert und das Waschwasser nur noch schwach gefärbt ist.

Die weitere Reinigung kann so erfolgen, daß man den Rohkörper zur Herauslösung der Verunreinigungen mit Weingeist auskocht und ihn außerdem mit Ammoniak behandelt. Schließlich löst man wieder in verdünnter Natronlauge und fällt nochmals mit Kohlensäure.

In einzelnen Fällen kann man Glucoside durch adsorbierende Mittel (Kohle, Fullererde) adsorbieren lassen und daraus wieder extrahieren, so in folgendem patentierten zur Herstellung eines Glucosides aus Meerzwiebeln angewandten Verfahren (23). Der gegebenenfalls durch Zentrifugieren geklärte wässerige Auszug wird unter Rühren mit Tierkohle versetzt und noch zwei Stunden weiter gerührt. Die Kohle, die sich nach kurzem Stehen abgesetzt hat, wird scharf abgenutscht, mit wenig Wasser gewaschen und bei 15^0 im Vakuum-Trockenschrank getrocknet. Aus dem Kohlenadsorbat zieht man das Glucosid mit trockenem, heißem Chloroform vollständig aus und destilliert das Chloroform im Vakuum ab. Der Rückstand wird in Methanol gelöst und die Lösung mit Petroläther geschüttelt. Das Methanol wird im Vakuum abgetrieben, der Rückstand in wenig absolutem Alkohol gelöst, und das Glukosid durch Eingießen der alkoholischen Lösung in Äther gefällt. Aus dem in analoger Weise gewonnenen Fullererdeadsorbat kann das Glucosid durch Extraktion mit wasserfreiem, heißem Methanol und weitere Verarbeitung der Lösung wie oben gewonnen werden.

Bei solchen Glucosiden, die durch Alkaloidreagenzien gefällt werden, kommen zur Zerlegung der Niederschläge die bei der Darstellung der Alkaloide (s. S. 39) angegebenen Methoden in Betracht. Es sei darauf aufmerksam gemacht, daß ein Überschuß des Fällungsmittels in einigen Fällen auflösend auf die entstandenen Niederschläge wirken kann.

Die Glukoside mit Gerbstoffeigenschaften werden nach den bei Gerbstoffen (s. S. 92) angegebenen Methoden dargestellt.

Manche Glucoside sind in den Pflanzen in Verbindungen mit Gerbstoffen enthalten. Man kann diese Verbindungen nach Wiechowski (24) so erhalten, daß man die wässerigen Auszüge aussalzt und die Niederschläge mit Weingeist auszieht, um die Glucosidverbindungen vom Salze abzutrennen. Aus der wässerigen Lösung der Verbindung kann man die Gerbstoffkomponente mit Bleiacetat fällen und dann die Glucoside aussalzen.

Oft enthalten die Pflanzen mehrere Glucoside oder neben diesen noch die ein ähnliches Verhalten zeigenden Ester von Säuren mit mehrwertigen Alkoholen und Zuckern. Die Trennung ist in solchen Fällen oft mit großen Schwierigkeiten verknüpft.

Als Beispiel für eine derartige Trennung sei (nach K. Freudenberg) (25) das Verfahren wiedergegeben, mit dem Gilson (25a) das Glucogallin und das Tetrarin aus dem Rhabarber isoliert hat. Rhabarber wird mit kaltem Aceton erschöpft und die Lösung eingedampft, bis sie eine Dichte von 1,000 hat. Unter starkem Schütteln wird in kleinen Portionen das halbe Volumen eines hälftigen Gemisches von Aceton und Äther zugesetzt, dann Äther allein (etwa 1 Vol.), bis der anfangs voluminöse Niederschlag sich klebrig absetzt. Derselbe enthält hauptsächlich Glucoside von Oxymethyl-anthrachinonen. Die abgegossene Lösung wird stark eingeengt und durch Zusatz von Aceton wieder auf das spez. Gewicht 1,000 gebracht. Zu dieser Lösung wird vorsichtig ein Volumen eines Gemisches von einem Teil Aceton und zwei Teilen Benzol gegeben, dann ein Volumen reines Benzol. Der ölige Niederschlag enthält Glucogallin, das durch Lösen in Aceton und Fällung mit Benzol zur Krystallisation gebracht wird.

Das abgegossene Gemisch von Aceton und Benzol wird eingedampft, bis das Azeton und der größte Teil des Benzols entfernt sind. Dabei fällt ein Niederschlag, der nach dem Erkalten von der Benzollösung, die Methyl-anthrachinon-derivate enthält, abgetrennt wird. Dem Niederschlag entzieht heißes Wasser ein krystallinisches Katechin. Der in Wasser unlösliche Teil des Niederschlags enthält das Tetrarin. Er wird in Aceton gelöst, die Lösung mit Äther versetzt und der sich abscheidende Niederschlag entfernt. Die Äther-Aceton-Lösung wird abdestilliert, der Rückstand in Aceton gelöst und die Lösung vorsichtig mit Benzol versetzt, bis wieder ein Teil niedergeschlagen ist. Weitere Fraktionen werden dadurch gewonnen, daß das Aceton stufenweise aus dem Gemisch herausdestilliert wird. Die Niederschläge werden mit Essigäther angerührt, die krystallisierenden Anteile des Tetrarins gesammelt und die ölig ausfallenden erneut der Fraktionierung unterworfen.

In solchen Fällen, in denen es Schwierigkeiten macht, Glukoside von Kohlenhydraten zu befreien, ist es vorteilhaft, letztere, wenn möglich zu vergären, so Rohrzucker, Glucose und Fruktose mit Hefe.

Um Glucoside von letzten Resten reduzierender Zucker zu befreien, kann man letztere durch Anlagerung von Blausäure in das entsprechende Oxynitril und weiter in die zugehörige Säure überführen und diese mit Bleiacetat fällen. Man versetzt die wässerige Lösung mit Blausäure und Ammoniak und wartet, bis die im Polarisationsapparat beobachtete Drehung konstant geworden ist. Dann versetzt man tropfenweise mit Bleiacetat, bis der Niederschlag sich nicht mehr vermehrt, filtriert und entbleit das Filtrat durch Schwefelwasserstoff (26).

In der Gruppe der Glucoside nimmt die große Abteilung der Saponine durch manche ihnen gemeinsame Eigentümlichkeiten eine Stellung ein, die eine besondere Beschreibung ihrer Gewinnungsmethoden nötig macht. Hat man bei Vorprüfung d (s. S. 17) einen charakteristischen Saponinschaum erhalten, so zieht man, um zunächst einmal einen sicheren Anhaltspunkt für das Vorhandensein eines Saponins zu erhalten, eine kleine Menge (10—50 g) der Substanz durch Kochen mit siedendem Weingeist aus, filtriert heiß und versetzt die erkaltete Flüssigkeit mit Äther, ohne die vielleicht schon beim Erkalten ausfallenden Flocken abzufiltrieren. Der Niederschlag, der mit Gerbstoffen, Salzen, Zuckerarten verunreinigt sein kann, wird, wenn man nicht absoluten Alkohol und Äther angewendet hat, fest am Boden des Gefäßes haften, in dem man die Fällung vornahm. In diesem Fall braucht man nur die ätherische Flüssigkeit abzugießen und das Gefäß einigemal mit Äther auszuspülen. Wenn der Niederschlag flockig ausfiel, bringt man ihn auf ein Filter und wäscht ihn dort mit Äther aus. Dann löst man ihn in heißem Wasser, falls erforderlich unter Zusatz von so viel Soda, daß die Flüssigkeit neutral ist. Wenn die Lösung Saponin enthält, muß sie folgende Eigenschaften zeigen: Beim Schütteln gibt sie (nach dem Erkalten den charakteristischen (s. S. 17) Saponinschaum; sie emulgiert

Terpentinöl, tötet Quecksilber und löst meist die roten Blutkörperchen auf. Beim Kochen mit Salzsäure muß sich ein unlöslicher Körper (Sapogenin) und reduzierender Zucker ev. Glukuronsäure oder Galakturonsäure bilden. Nach der vollständigen Spaltung schäumt die Flüssigkeit nicht mehr.

Beim Abdampfen der Lösung bleibt ein Rückstand, der kratzend schmeckt, beim Pulvern zum Niesen reizt und mit konzentrierter Schwefelsäure übergossen meist eine rotviolette Färbung annimmt[1]. Ferner prüfe man das Verhalten der konzentrierten Lösung zu Barytwasser einerseits, zu Bleiacetat und Bleiessig andererseits.

Da schon die physikalischen Eigenschaften verschiedener Saponine sehr verschieden sein können, so lassen sich Darstellungsvorschriften, mit denen jedes Saponin gewonnen werden kann, nicht geben. Vor allem ist darauf zu achten, daß das Saponin sich nicht schon bei der Darstellung verändert, was bei einzelnen Saponinen (Cyclamin nach Dafert) schon durch andauerndes Kochen mit Wasser erfolgt. Falls das Saponin, wie wohl in der überwiegenden Mehrzahl der Fälle, hämolytische Wirkung besitzt, so lassen sich Veränderungen durch die quantitative Bestimmung der hämolytischen Wirkung feststellen. „Wenn das aus einer Droge gewonnene Saponin sich bei der Darstellung nicht verändert hat, so muß einer bestimmten Menge dieses Saponins dieselbe hämolytische Wirksamkeit innewohnen, wie der Drogenmenge, aus der das Saponin quantitativ gewonnen wurde" (L. Köhler und O. Dafert) (27). Als Maß dient der hämolytische Index, d. h. diejenige Verdünnung (in physiologischer Kochsalzlösung), in der gerade noch vollständige Hämolyse eintritt.

Die Bestimmung des hämolytischen Index kann nach dem Verfahren von L. Kofler und Ph. A. Adam (28) vorgenommen werden.

Die Reindarstellung der Saponine wird in der Regel erleichtert, wenn man das Material zunächst durch Ausziehen mit Äther, Petroläther u. dgl. von Nichtsaponinen befreit.

Für die Darstellung von Saponinen seien mehrere Beispiele angegeben.

1. Darstellung eines in Wasser und 60 proz. Weingeist löslichen, in starkem Weingeist unlöslichen Saponins (27).

10 g Drogenpulver werden in einem Beutel aus Baumwolltuch bis zur Erschöpfung mit jedesmal ca. 300 cm³ destilliertem Wasser

---

[1] Die weingeistige Lösung von (allen ?) Saponinen gibt eine Fällung mit einer weingeistigen Lösung von Cholesterin oder Phytosterin.

ausgekocht; die vereinigten Auszüge werden auf dem Wasserbade auf ca. 50 cm³ eingeengt, filtriert und weiter bis zur Sirupdicke eingedampft. Hierauf wird in der Hitze langsam unter Umrühren mit ungefähr der dreifachen Menge (ca. 25 cm³) heißem 60proz. Weingeist versetzt und von dem in geringer Menge entstandenen flockigen Niederschlag heiß abgenutscht. Das Filtrat wird tropfenweise in 100 cm³ 96proz. Weingeist eingegossen. Der so entstehende flockige Niederschlag wird abfiltriert und im Vakuum getrocknet. Aus dem Filtrat kann durch Äther eine weitere Menge von Saponin niedergeschlagen werden.

2. Darstellung eines in starkem Weingeist und in Wasser löslichen Saponins (29).

Man erschöpft das Material mit Weingeist, dampft diesen ab, nimmt mit Wasser auf und behandelt die wässerige Lösung mit Fullererde. Diese wird abfiltriert und mit Weingeist ausgezogen. Das Filtrat wird eingeengt, der Rückstand nochmals mit Weingeist aufgenommen. Die Lösung wird mit Kohle entfärbt und mit weingeistiger Oxalsäurelösung versetzt. Aus dem Filtrat erhält man das Saponin.

3. Darstellung eines in Methanol und Wasser löslichen Saponins (Boorsma). Man kocht das getrocknete Material mit Methanol aus oder zieht es damit im Extraktionsapparat aus. Man destilliert dann das Methanol bis auf ein kleines Volumen ab, fällt mit Äther und wäscht den Niederschlag mit Äther aus. Man nimmt ihn weiterhin mit Chloroformwasser auf, filtriert, wenn nötig, und dialysiert mindestens so lange, bis das Dialysat alkalische Kupferlösung nicht mehr reduziert. Dann dampft man das Nichtdialysierte zur Trockene, nimmt den Rückstand mit Methanol auf und fällt abermals mit Äther.

Wird das Saponin nicht völlig mit Methanol ausgezogen, so kann man das Material weiter noch mit 50proz. Äthylalkohol ausziehen. Die konzentrierte Flüssigkeit versetzt man erst mit Methanol und fällt dann mit Äther (v. d. Haar). Das mit 50proz. Weingeist ausgezogene Saponin kann von dem mit Methanol ausgezogenen verschieden sein oder dessen Calcium- und Magnesiumverbindung.

4. Darstellung eines in 70proz. Weingeist löslichen in Wasser unlöslichen Saponins (30).

Die grob gepulverte Droge wird mit der fünffachen Menge 70proz. Weingeistes zwei Stunden am Rückflußkühler erhitzt. Man preßt, filtriert und zieht den Rückstand noch einmal in derselben Weise aus. Aus den vereinigten Filtraten wird der Weingeist abdestilliert, bis die Flüssigkeit auf etwa ein Drittel ihres ursprünglichen Volumens eingeengt ist. Dann wird die Flüssigkeit in eine Abdampfschale gegossen und so lange mit Wasser versetzt, bis ein Niederschlag entsteht. Hierauf engt man auf dem Wasserbade bis zur Vertreibung des Weingeistes ein. Der Niederschlag wird abfiltriert, das Filtrat noch weiter eingedampft und ein noch entstehender Niederschlag mit dem ersten vereinigt. Man löst die Niederschläge noch feucht in 70proz. Weingeist am Rückflußkühler, versetzt die heiße Lösung mit Tierkohle und digeriert $^1/_2$ Stunde auf dem Wasserbad. Aus der durch Abfiltrieren erhaltenen klaren Flüssigkeit wird das Saponin wie oben durch Wasser ausgefällt und nach Trocknen (im Vakuum) aus 96proz. Weingeist umkrystallisiert.

Trennung mehrerer Saponine voneinander.

Zur Trennung der Saponine voneinander lassen sich naturgemäß ebensowenig allgemeine Verfahren angeben, wie für ihre Darstellung. Das einzuschlagende Verfahren muß vor allem auf etwaige Verschiedenheiten der Löslichkeit begründet werden.

In einzelnen Fällen kommen noch folgende Verfahren in Betracht.

1. Durch Aussalzen mit Ammonsulfat kann man nach Kobert (Beiträge zur Kenntnis der Saponinsubstanzen 1904, S. 20) aus einer saure und neutrale Saponine enthaltenden Lösung erstere ausfällen, wenn man sie mit Ammonsulfat sättigt und dann einige Minuten kocht. Doch werden auch einige gewöhnlich als neutral bezeichnete Saponine wie Cyclamin und Chamälirin dadurch gefällt.

2. Aus manchen Pflanzen lassen sich zwei Saponine nach der Bleimethode (s. S. 26) isolieren, wenn das eine Saponin (Saponinsäure) durch Bleiacetat, das andere durch Bleiessig gefällt wird. Da die Saponine besonders fest von Bleisulfid adsorbiert werden, so zersetzt man die Bleiniederschläge[1] zum größten Teil durch verdünnte Schwefelsäure und entfernt das wenige ins Filtrat übergegangene Blei durch Schwefelwasserstoff. Die vom Schwefelblei abfiltrierte Flüssigkeit wird zur Extraktkonsistenz eingedampft und der Rückstand mit Alkohol oder wenn er stark gefärbt ist, mit einer Mischung von einem Teil absoluten Alkohol und vier Teilen Chloroform ausgekocht. Aus dieser Lösung wird das Saponin durch Äther gefällt und über Schwefelsäure getrocknet.

---

[1] Da die Bleiniederschläge leicht Saponin an Wasser abgeben oder sich teilweise darin lösen, so wäscht man sie nur ein- oder zweimal mit Wasser, dann mit verdünntem und zuletzt mit 95grädigem Weingeist aus.

Da man damit rechnen muß, daß Saponine bereits durch Bleiessig verändert werden, so kann man es versuchen, das zweite Saponin aus dem Filtrat der Bleiacetatfällung auf andere Weise zu isolieren. Falls sich dabei das Einleiten von Schwefelwasserstoff nicht umgehen läßt, so ist daran zu denken, daß vielleicht die dadurch freiwerdende Essigsäure die Saponine ebenfalls verändern kann.

Reinigung der Saponine.

Die nach einem der oben angegebenen Verfahren hergestellten Saponine werden nur in Ausnahmefällen rein sein; vielmehr enthalten sie in der Regel Verunreinigungen, fast immer anorganische Stoffe, dann aber Kohlenhydrate, Gerbstoffe, Farbstoffe u. a. m. Man erzielt häufig eine Reinigung, indem man die Saponine nach den Verfahren, die zur Herstellung benutzt wurden, wiederholt behandelt; aber man wird auf diese Weise nur selten ein reines Saponin erhalten können.

Von anorganischen Stoffen und anderen Krystalloiden befreit man die Saponine durch Dialyse[1] oder noch besser durch Elektrodialyse, unter Benützung des Apparates von W. Pauli, indem man als Anode eine Netzelektrode aus Platin und als Kathode eine solche aus Silber verwendet (27).

Zur Befreiung der Saponine von anderen Kolloiden kann man außer der Bleimethode (s. oben) eines der nachfolgenden Verfahren einschlagen, hat aber damit zu rechnen, daß dabei die Saponine bereits eine Veränderung erleiden, die u. a. durch eine Verminderung des hämolytischen Index in die Erscheinung treten kann. Die zugrunde liegenden chemischen Veränderungen sind noch nicht aufgeklärt. Wenn trotzdem derartige Reinigungsverfahren hier aufgeführt werden, so geschieht dies deshalb, weil es für die weitere chemische Untersuchung in vielen Fällen vorteilhafter sein kann, reine, wenn auch veränderte Saponine zu besitzen, als unreine unveränderte. In allen Fällen können die gereinigten Saponine noch der Dialyse oder Elektrodialyse unterworfen werden.

1. Die Magnesiamethode beruht darauf, daß Gerbstoffe, Saponine, Farbstoffe u. dgl. mit Magnesia Verbindungen bilden können, daß aber nur die Verbindung des Saponins mit Magnesia durch siedenden Alkohol zerlegt wird, wobei das Saponin vom Alkohol aufgenommen wird. Man dampft die wässerige Lösung des Sapo-

[1] Über das Verhalten von Saponinen bei der Dialyse s. Kofler, L. u. Wolkenberg, A., Biochem. Ztschr. 160, 398, 1925 u. Pfau, E., Apoth.-Ztg. 40 No. 100, 1925.

nins unter Zusatz von gebrannter Magnesia oder frisch gefälltem Magnesiumhydroxyd (Flieringa) zur Trockne ein. Die Masse wird so fein als möglich gepulvert und mit Weingeist am Rückflußkühler ausgekocht. Aus der weingeistigen Flüssigkeit wird durch fraktionierte Fällung mit Äther derjenige Teil des Saponins gefällt, der in der erkalteten Flüssigkeit gelöst blieb. Man fälle fraktioniert, um ein möglichst aschenarmes Präparat zu erhalten, da die erste Ausfällung meist mehr anorganische Bestandteile enthält als die folgende.

2. Die Barytmethode. Die konzentrierte wässerige Lösung des Saponins wird mit gesättigtem Barytwasser versetzt[1]. Das dadurch ausgefällte Barytsaponin wird mit Barytwasser, in dem es unlöslich ist, ausgewaschen, in Wasser suspendiert und durch Kohlensäure in Bariumcarbonat und Saponin zerlegt. Die Saponinlösung wird abgedampft, das Saponin mit Weingeist aufgenommen und aus der weingeistigen Lösung entweder durch Abdampfen oder besser durch fraktionierte Fällung mit Äther (s. oben) gewonnen.

3. Die Bleihydroxydmethode. Das in weingeistige Lösung übergeführte Saponin wird am Rückflußkühler einige Stunden lang mit frisch gefälltem und mit Weingeist gewaschenem Bleihydroxyd gekocht, das im Filtrat gebliebene Blei durch Kohlensäure, der letzte Rest durch Schwefelwasserstoff gefällt und das Filtrat wie bei 2 mit Äther behandelt.

4. Die Kupfermethode. Man versetzt den wässerigen Auszug mit Kupfercarbonat, das Gerbstoffe (s. S. 94) und andere Verunreinigungen ausfällt, und kocht entweder das mit Natronlauge alkalisch gemachte Filtrat mit Kupferhydroxyd oder fügt der heißen Flüssigkeit unter Aufrechterhaltung der alkalischen Reaktion eine Lösung von Kupfersulfat hinzu. Das Saponin wird nach dieser Methode vollständig gefällt. Man zersetzt die entstandene Kupferverbindung nach dem Auswaschen entweder durch Schwefelwasserstoff oder durch eine zur völligen Zersetzung nicht genügende Menge von Salz- oder Schwefelsäure und trennt das Saponin vom Kupfersalz durch Dialyse.

5. Von zweifelhaftem Wert ist das Mercksche Verfahren (31), bei dem Saponine durch Tannin gefällt werden und die Fällung mit Bleihydroxyd zerlegt wird. Ganz davon abgesehen, daß nur ein Teil der Saponine durch Tannin ausgefällt wird, gibt es auch Kohlenhydrate und andere Glucoside, die sich ebenso verhalten.

Die quantitative Bestimmung der Saponine kann mit Hilfe ihres quantitativ durchgeführten Darstellungsverfahrens erfolgen, wobei man von entsprechend kleinen Mengen Droge ausgeht. Ist der hämolytische Index bekannt oder bestimmt, so kann man auch auf diesem eine quantitative Bestimmung begründen.

---

[1] In manchen Fällen wird es sich empfehlen, vor dem Zusatz des Barytwassers Calciumchlorid zuzusetzen, um dadurch Nicht-Saponine auszufällen, welche unlösliche Verbindungen mit Erdalkalien geben.

Für diejenigen Saponine, die mit Barytwasser eine Fällung geben, kann diese Eigenschaft herangezogen werden.

Die Droge wird dreimal mit Wasser ausgekocht, die Auszüge werden auf ein kleines Volumen eingedampft, mit Weingeist versetzt und filtriert. Der Niederschlag wird wiederholt mit verdünntem Weingeist ausgekocht; die alkoholischen Dekokte werden heiß filtriert und mit dem ersten Filtrat vereinigt. Man destilliert den Weingeist ab, nimmt den Rückstand mit Wasser auf, dampft auf ein kleines Volumen ein, versetzt mit gesättigtem Barytwasser und sammelt den Saponinbaryt auf einem getrockneten tarierten Filter. Den Niederschlag wäscht man so lange mit gesättigtem Barytwasser aus, bis dieses farblos abläuft, trocknet ihn zuerst im Trockenofen, hernach im Luftbad bei 110^0 bis zur Gewichtskonstanz. Die Wägung ergibt nach Abzug des Filtergewichts die Menge des Saponinbaryts. Der Saponinbaryt wird nebst dem Filter verkohlt, der Rückstand (Bariumcarbonat) in Bariumoxyd umgerechnet und dieses von dem Barytsaponin in Abzug gebracht. Ein weiteres Verfahren beruht auf der Wägung des bei der Spaltung mit Säuren (s. unten) entstehenden wasserunlöslichen Sapogenins. Sie kann natürlich nur angewandt werden, wenn die Menge des Sapogenins bekannt ist, die bei der Spaltung des reinen Saponins entsteht.

Die quantitative Bestimmung der nicht zu den Saponinen gehörigen Glucoside kann prinzipiell in derselben Weise durchgeführt werden, wie die der Saponine. Man führt also entweder die Darstellung quantitativ durch oder fällt die Glucoside, falls dies möglich ist, als unlösliche Verbindung oder bestimmt ein Spaltungsprodukt, falls die Spaltung genügend erforscht ist und quantitativ verläuft. Beispielsweise verläuft die Spaltung mit Emulsin meist nahezu quantitativ, so daß es genügt, den unter dem Einfluß des Emulsins gebildeten Zucker zu bestimmen. In manchen Fällen läßt sich die Bestimmung flüchtiger Spaltungsprodukte zur Bestimmung der Glucoside verwenden, so bei dem Blausäure- und Senfölglykosiden.

Die Spaltung der Glucoside kann man durch Wasser, Säuren oder Enzyme vornehmen. Will man mit Wasser allein spalten, so ist hierzu meist eine Temperatur von über 100^0 notwendig. Man nimmt die Spaltung dann in einer Druckflasche oder zugeschmolzenen Röhre vor. Bei schwer spaltbaren Glucosiden fügt man besser Salz- oder Schwefelsäure zu. Viele Glucoside werden durch Kochen, oft auch schon beim Erwärmen auf dem Dampfbad mit 1—10proz. Säure gespalten. Vielfach spaltet Salzsäure besser als Schwefelsäure. In einigen Fällen gelangt man zu schönen Spaltungsprodukten, wenn man in die erwärmte alkoholische Lösung des Glucosids trockenes Salzsäuregas einleitet. Doch muß man hierbei mit der Möglichkeit rechnen, daß die Spaltungsprodukte äthyliert werden.

Zur Gewinnung der in wässeriger Flüssigkeit erzeugten Spaltungsprodukte schüttelt man zunächst mit Äther u. dgl. aus; ist eines derselben in Wasser und Äther u. dgl. unlöslich, so wird man es durch Abfiltrieren gewinnen; das Auftreten flüchtiger Spaltungsprodukte wird man an ihrem Geruch und durch Destillation erkennen. Zur Isolierung der auf diese Weisen nicht isolierbaren Spaltungsprodukte, besonders der Zuckerarten, entfernt man die Säuren, und zwar überschüssige Schwefelsäure durch Bariumcarbonat, Salzsäure durch feuchtes Silbercarbonat oder Silberacetat. Über Erkennung und Isolierung von Zuckern s. S. 111 ff. Doch sei hier bemerkt, daß unter den Spaltungsprodukten nicht selten Gemenge von Zuckern wie Glucose und Galaktose oder Glucose und Rhamnose vorkommen, ja daß die Glucose, von der doch die Glucoside ihren Namen haben, unter den Spaltungsprodukten vollständig fehlen und durch andere Zuckerarten (Rhamnose, Chinovose) ersetzt sein kann.

Auch damit muß gerechnet werden, daß Zucker völlig fehlen und durch entsprechende Säuren (Glucuronsäure, Galakturonsäure) ersetzt sind (s. S. 124).

Um sich darüber zu orientieren, welche Zucker vorhanden sein mögen, prüft man zunächst auf Hexosen (s. S. 111 ff) einschließlich Fructose, Pentosen (s. S. 120) und Methylpentosen (s. S. 121 ff.).

In dem in der Glucosidanalyse häufig vorkommenden Fall, daß man Rhamnose und Glucose nebeneinander nachzuweisen hat, kann man folgendermaßen vorgehen: Man stellt sich zunächst die Osazone nach S. 115 dar und behandelt sie mit Aceton. Das Glucosazon (s. S. 115) bleibt ungelöst zurück und wird aus 70proz. Weingeist umkrystallisiert. Das Rhamnosazon (Smp. 185°) gewinnt man nach Abdestillieren des Acetons durch Umkrystallisieren aus Benzol.

Über Nachweis anderer Zucker nebeneinander s. S. 111 ff.

Kommt in der glucosidhaltigen Pflanze ein das Glucosid spaltendes Enzym vor wie das Myrosin im schwarzen Senf, so sucht man die Spaltung mit diesem vorzunehmen. Viel, wenn auch nicht allgemein verwendbar sind Hefe, deren wässerigen Auszug man benützt, Emulsin und Rhamnodiastase. Es sei hier nur darauf hingewiesen, daß Amygdalin durch Emulsin in Zucker Benzaldehyd und Blausäure gespalten wird, während Hefeauszug es in Mandelnitrilglucosid und Traubenzucker spaltet. Weiterhin ist durch die Untersuchungen E. Fischers festgestellt worden, daß Emulsin, welches das β-Methylglucosid spaltet, die α-Verbindung intakt läßt, während ein Enzym der Hefe sich umgekehrt verhält.

Bitterstoffe.

Für die Darstellung der Bitterstoffe, einer uneinheitlichen Gruppe bitter schmeckender Stoffe, die weder Glucoside noch Alkaloide sind, lassen sich allgemeine Verfahren nicht angeben. Man wird in vielen Fällen so vorgehen können, wie zur Darstellung der Glucoside.

Als Beispiel sei die Darstellung des Pikrotoxins und Quassiins (nach E. Schmidt) mitgeteilt.

Zur Darstellung des Pikrotoxins kocht man die grob gepulverten, eventuell durch warmes Auspressen von der Hauptmenge des vorhandenen Fetts befreiten Kokkelskörner wiederholt mit Wasser aus, versetzt die kolierten heißen Auszüge mit einer zur Ausfällung genügenden Menge Bleiacetatlösung, entbleit das Filtrat durch Schwefelwasserstoff und engt die abermals filtrierte Flüssigkeit auf ein kleines Volumen ein. Die nach mehrtägigem Stehen ausgeschiedenen Krystallmassen werden alsdann durch Absaugen und Waschen mit wenig kaltem Wasser möglichst von der Mutterlauge befreit und hierauf durch Umkrystallisieren, zunächst aus kochendem Wasser und schließlich aus siedendem starkem Weingeist unter Anwendung von etwas Tierkohle gereinigt.

Um das Quassiin darzustellen, dampft man den wässerigen Auszug des Holzes auf $^2/_3$ vom Gewicht des angewendeten Quassiaholzes ein und fällt mit Tanninlösung. Der ausgewaschene Niederschlag wird mit Bleicarbonat angerührt; die Mischung wird im Wasserbad getrocknet. Der Rückstand wird wiederholt mit Weingeist ausgekocht, die weingeistige Flüssigkeit eingeengt und das ausgeschiedene Quassiin aus verdünntem Weingeist oder einem Gemisch von Weingeist und Äther umkrystallisiert.

Farbstoffe.

Die Mehrzahl der Farbstoffe kommt als Glucoside vor. Die Gewinnung dieser Glucoside, aus denen dann der eigentliche Farbstoff durch Hydrolyse hervorgeht, kann meist nach den im Kapitel Glucoside angegebenen Verfahren erfolgen.

Als Beispiel sei noch die Darstellung des Quercitrins aus der Quercitronrinde geschildert: Die zerkleinerte Rinde wird 6 Stunden mit 5—6 Teilen 85proz. Weingeist gekocht. Der filtrierte Auszug wird auf die Hälfte konzentriert und dann mit Eisessig und weingeistiger Bleiacetatlösung (unter möglichster Vermeidung eines Überschusses) versetzt. Das Filtrat wird durch Schwefelwasserstoff entbleit und die vom Bleisulfid abfiltrierte Flüssigkeit zur Trockene gedampft. Der Rückstand wird mit Weingeist aufgenommen. Aus dem Filtrat wird das Quercitrin mit Wasser gefällt und durch Umkrystallisieren aus Weingeist gereinigt.

Eine Besonderheit bilden Farbstoffe, wie die Anthocyane, die (trotzdem sie keinen Stickstoff enthalten) basischen Charakter besitzen und als Salze dargestellt werden können.

Wie man in einem solchen Falle vorgehen kann, ergibt sich aus der im folgenden beschriebenen Darstellung des Farbstoffes der Preißelbeeren nach Willstätter und Mallison (32): Die Häute der Preißelbeeren werden mit Eisessig ausgezogen und der Farbstoff aus der Eisessiglösung mit Äther gefällt. Der Niederschlag wird nochmals in Eisessig gelöst und in zwei Fraktionen wieder mit Äther gefällt. Der Niederschlag der zweiten Fraktion wird mit Äther gewaschen und in Wasser gelöst. Aus der Lösung wird der Farbstoff durch wässerige Pikrinsäurelösung als Pikrat gefällt, indem man nach Abfiltrieren des zuerst Ausfallenden in offenen Schalen krystallisieren läßt. Da den Krystallen Kaliumpikrat beigemischt ist, behandelt man sie mit Methanol, worin nur das Farbstoffsalz leicht löslich ist. Durch Ausfällen mit Äther und Umkrystallisieren aus Wasser läßt sich das Pikrat rein gewinnen. Die methanolische Lösung des Pikrats versetzt man mit methanolischer Salzsäure und fällt mit Äther. Der Niederschlag — Idaeinchorid — wird durch Waschen mit Äther von der Pikrinsäure befreit. Zur Reinigung löst man das Chlorid in Wasser, fügt konzentrierte Salzsäure hinzu, filtriert von sich ausscheidenden Flocken ab und läßt nach Zusatz von Weingeist krystallisieren.

In einzelnen Fällen ist es möglich gewesen, Farbstoffe in krystallinischem Zustand dadurch zu erhalten, daß man Auszüge mit Alkalien behandelte, sei es, daß man einen wässerigen Auszug mit wässeriger Kalilauge (Safran) oder einen Petrolätherauszug mit methylalkoholischer Kalilauge behandelte (Capsicum).

Vgl. dazu Karrer, P.: Helv. chem. acta **10**, 397, 1927 (Safran) und Zechmeister, L. und v. Cholnoky, L.: Annal. Chem. 454, 1, 1927 (Capsicum).

Trennung von Anthocyanidinen und Gerbstoffen nach Jonesco (32a).

1. Nach Vorbehandlung der trockenen, fein gepulverten Materialien mit Benzin, Benzol oder Petroläther extrahiert man die Gerbstoffe mit Äther, wobei man das Pulver von Zeit zu Zeit

mit starker Salzsäure befeuchtet. Die Anthocyanidine bleiben im Rückstand.

2. Man maceriert das Material eine Woche lang mit konzentrierter Salzsäure, welche die Anthocyanidine löst.

a) Gewinnung der Anthocyanidine.

Das Filtrat läßt man einige Tage unter einer Glocke in einer geräumigen Porzellanschale. Den sich absetzenden Farbstoffniederschlag löst man in ein wenig Weingeist und versetzt mit Amylalkohol, der die Antocyanidine bei der weiteren Behandlung gelöst hält. Man wäscht die amylalkoholische Lösung mehrmals mit angesäuertem Wasser, dann mit einer Lösung von Natriumacetat, die Anthocyane und Spuren von Farbstoff aufnimmt, zuletzt noch 2—3 mal mit Salzsäure. Dann filtriert man die Lösung und läßt verdunsten. Den Rückstand löst man in Methanol und fällt die Anthocyanidine mit $^1/_3$ Raumteil Salzsäure. Die über den ausgefallenen Farbstoffen stehende Flüssigkeit wird abgegossen, die Farbstoffe werden rasch mit Salzsäure gewaschen und getrocknet.

b) Gewinnung der Gerbstoffe.

Man extrahiert den nach dem Abfiltrieren der salzsauren Flüssigkeit gebliebenen Rückstand mit Äther, der die Gerbstoffe aufnimmt.

Weiteres s. Compt. rend. soc. biol. **95**, 129, 1926.

Fette und fette Öle.

Die Darstellung der Fette und fetten Öle erfolgt entweder durch Auspressen in der Kälte oder (zur Erzielung höherer Ausbeute) in der Hitze oder durch Extraktion mit Fettlösungsmitteln (Petroläther, Trichloräthylen, Äther, Schwefelkohlenstoff u. dgl.) und deren Abdestillieren[1]. Beide Darstellungsverfahren werden in der Regel Produkte liefern, die ein wenig voneinander abweichen.

---

[1] Es ist zwar nicht für die systematische Untersuchung, aber für die Bestimmung der Konstanten wichtig, die Lösungsmittel wieder vollständig zu entfernen. Dies erfolgt am besten dadurch, daß man im Vakuum einige Zeit bei 100° erhitzt.

Sind in das Fett Stoffe übergegangen, die nicht zu den Fetten gehören, so kann dies bei der Feststellung der physikalischen Eigenschaften und der üblichen Konstanten stören. Es wird deshalb manchmal nötig sein, sie zu entfernen, Alkaloide z. B. dadurch, daß man das Öl (oder seine Lösung) mit verdünnter Salzsäure schüttelt. Man entfernt dann die Säurereste durch Schütteln mit Wasser und den davon verbliebenen Anteil durch entwässertes Natriumsulfat. Über die Entfernung des Lösungsmittels s. oben.

Über den seltenen Fall, daß eine Blausäureverbindung in das Öl übertritt s. Rosenthaler, L.: Schweiz. Apothekerztg. 58, 17, 1920.

Ob es sich dabei um Fette und fette Öle handelt, ergibt sich aus den physikalischen und chemischen Eigenschaften des Produktes: Es muß „fettige“ Beschaffenheit zeigen, auf Wasser schwimmen und auf Papier einen „Fettfleck“ erzeugen; es wird sich nicht in Wasser und verdünntem Weingeist, selten in starkem Weingeist lösen. Es wird ferner in der Regel verseifbar sein, d. h. bei der Behandlung mit Lauge (s. unten) Glycerin und Seifen, d.h. Alkalisalze der höheren Fettsäuren liefern[1].

Die Verseifbarkeit eines Öles stellt man am raschesten auf mikrochemischem Wege fest. Von Ölen bringt man mit Hilfe einer Nadel ein Tröpfchen (höchstens 2 mg) auf einen Objektträger, bringt mit dem Glasstab einen Tropfen gesättigter weingeistiger Kali- oder Natronlauge[2] dazu und bedeckt, um die Bildung von Carbonat möglichst zu vermeiden, sofort mit einem Deckglas. Von festen oder halbfesten Fetten bringt man eine entsprechende Menge auf den Objektträger, erwärmt auf einem Sparflämmchen zum Schmelzen und verfährt weiter, wie oben. Ist das Fett verseifbar, so treten— meist in kurzer Zeit — Seifenkrystalle auf, was mit dem Mikroskop leicht festzustellen ist (33).

Die Untersuchung beginnt man gewöhnlich mit der Feststellung der physikalischen Eigenschaften: Geruch und Geschmack, Schmelz- und Erstarrungspunkt, Farbe, Konsistenz, Dichte, Löslichkeit, Brechungsvermögen, Polarisation, Viscosität.

Daran kann man die Prüfung gegenüber einigen Reagenzien anschließen, die erfahrungsgemäß mit vielen Ölen Farbenreaktionen geben (34).

1. Welmans Reaktion. 1 g des nötigenfalls geschmolzenen und klar filtrierten Fettes löst man in einem dickwandigen, mit Glasstopfen verschließbaren graduierten Probierrohr in 5 cm^3 Chloroform, setzt 2 cm^3 einer frisch bereiteten Lösung von Phosphormolybdänsäure oder ihres Natriumsalzes und einige Tropfen Salpetersäure hinzu und schüttelt kräftig durch.

2. Belliers Reaktion. 5 g nötigenfalls geschmolzenes und filtriertes Fett werden mit 5 cm^3 farbloser Salpetersäure (spez. Gew. 1,4) und 5 cm^3 einer kaltgesättigten Lösung von Resorcin in Benzol in einer dickwandigen, mit Glasstopfen verschließbaren Probierröhre 5 Sekunden lang kräftig durchgeschüttelt.

Nur die während des Schüttelns oder 5 Sekunden nachher eintretenden Färbungen sind zu berücksichtigen.

3. Sergers Reaktion. 5 cm^3 Öl oder verflüssigtes filtriertes Fett bringt man in ein dickwandiges mit Glasstopfen verschließbares graduiertes Probier-

---

[1] Der Fall, daß ein Pflanzenfett keine Glyceride enthält, wird nur selten vorkommen; man muß aber auch mit dieser Möglichkeit rechnen, besonders bei unterirdischen Organen.

[2] Zur Darstellung der Laugen werden die Stangen des Hydroxyds mit wenig Wasser, dann nach möglichster Entfernung des Wassers mit absolutem Alkohol gewaschen. Dann wird von diesem so viel hinzugegeben, daß noch ein Teil des Hydroxyds ungelöst bleibt. Vom Ungelösten kann man abgießen oder man filtriert.

glas, löst in 10 cm^3 Äther, unterschichtet (Glas schräg halten!) mit 1 cm^3 frisch bereitetem Sergerschen Reagens[1] und schüttelt ganz kurz, aber kräftig durch. 15 Minuten nach Trennung der Schichten beurteilt man die untere Schicht.

4. Kreissche Reaktion. Gleiche Raumteile Fett und Salzsäure (spez. Gew. 1,19) werden zuerst für sich und dann mit einem Raumteil einer 1proz. Lösung von Phloroglucin in aldehydfreiem Äther durchgeschüttelt.

5. Wiedmanns Reaktion. Gleiche Raumteile Fett und eine 1prom. Lösung von Fett in Aceton werden erst für sich und dann mit 2—3 g Schwefelsäure durchgeschüttelt.

6. Baudouins Reaktion. 5 cm^3 nötigenfalls geschmolzenes und filtriertes Fett oder Öl werden in einem starkwandigen, mit Glasstopfen verschließbaren Probierglas mit 10 cm^3 Salzsäure (spez. Gew. 1,19) und 0,1 cm^3 einer 1proz. weingeistigen Furfurollösung mindestens $^1/_2$ Minute kräftig geschüttelt.

7. Halphens Reaktion. 5 cm^3 Öl werden mit der gleichen Raummenge Amylalkohol und 5 cm^3 einer 1proz. Lösung von Schwefel in Schwefelkohlenstoff in einem Probierglas am Rückflußkühler auf dem Wasserbade 15 Minuten lang erhitzt. Tritt keine Färbung ein, so setzt man noch 5 cm^3 Schwefellösung zu und erwärmt nochmals 15 Minuten.

8. Becchis Reaktion. Reagenzien: I. Eine Lösung von 1 g Silbernitrat in 200 g Weingeist wird mit 0,1 g Salpetersäure und 40 g Äther versetzt und filtriert. II. Eine Mischung von 100 g Amylalkohol und 15 g Rüböl. Erhitzt man 1 cm^3 I mit 100 cm^3 II 15 Minuten im Wasserbad, so darf eine Bräunung oder Schwärzung nicht eintreten.

Zur Ausführung der Reaktion erwärmt man 5 cm^3 filtriertes Fett oder Öl in einem Kölbchen mit 10 cm^3 absolutem Alkohol am Rückflußkühler und läßt nach Zusatz von 10 cm^3 II und 1 cm^3 I 15 Minuten sieden, wobei das Kölbchen vor direktem Tageslicht geschützt sein soll.

9. Hauchecornes Reaktion. Gleiche Raumteile Öl und Salpetersäure (spez. Gew. 1,375) werden gut durchgeschüttelt. Nach 24 Stunden wird beobachtet.

10 Soltsiens Reaktion. Man mischt 2—3 Teile des nötigenfalls geschmolzenen Fetts mit 1 Teil salzsaurer Zinnchlorürlösung, schüttelt einmal kräftig durch, so daß eine Emulsion entsteht und stellt das Glas alsbald so tief in ein heißes Wasserbad, als die Zinnchlorürschicht reicht.

11. Crace-Calverts Reaktion. 10 cm^3 Öl oder geschmolzenes Fett werden mit 2 cm^3 einer Mischung gleicher Teile konz. Schwefelsäure und konzentrierter Salpetersäure geschüttelt.

12. Cavallis Reaktion. Man bringt, ohne zu mischen, gleiche Teile Öl und ein Gemisch von 3 Teilen Salzsäure mit 1 Teil Salpetersäure zusammen.

Weiter wird man die Elaidinreaktion anstellen.

Man führt sie gewöhnlich so aus, daß man das Öl in einem Reagenzglas mit gleich viel Salpetersäure und einigen Stückchen Kupferdraht zusammenbringt.

---

[1] In einen mit Glasstopfen verschließbaren Stehzylinder gibt man 10 cm^3 konzentrierte Schwefelsäure, dazu 0,1 g ganz fein gepulvertes Natriummolybdat und schüttelt 2 Minuten kräftig um. Nach 5 Minuten kann das Reagens verwendet werden; nach $^1/_2$ bis 1 Stunde ist es nicht mehr zuverlässig.

Oder man bringt 2 g Öl und 10 cm^3 Salpetersäure zusammen, gibt etwa 1 g Natriumnitrit in kleinen Anteilen hinzu und läßt an einem kühlen Ort stehen.

Bei positivem Ausfall erstarrt das Öl zu einer festen Masse, da das flüssige Glycerid der Ölsäure hierbei in das feste Elaidinsäureglycerid übergeht.

Auch die in der Fettanalyse übliche und systematisch ausgebildete Ermittlung chemischer Konstanten erlaubt, abgesehen von deren quantitativer Bedeutung, Rückschlüsse auf die qualitative Zusammensetzung. Die Säurezahl zeigt die Gegenwart freier Fettsäuren an. Eine Jodzahl geben nur ungesättigte Verbindungen. Läßt sich in den freien Säuren eine Acetylzahl[1] bestimmen, so kann diese nur von Oxysäuren herrühren.

Bei Benützung der Säuren geht man für die Acetylierung nach der Vorschrift der deutschen Kommission zur Schaffung einheitlicher Untersuchungsmethoden für die Fettindustrie folgendermaßen vor:

6—8 g Gesamtfettsäuren werden mit der doppelten Menge Essigsäureanhydrid zwei Stunden im Acetylierungskolben (eingeschliffenes Kühlrohr!) gekocht. Die Mischung wird eine halbe Stunde mit 500 cm^3 Wasser ausgekocht, in einen Scheidetrichter übergeführt und mehrmals mit sehr heißem Wasser[2] neutral gewaschen (Lackmus). Das abgetrennte Acetylprodukt wird durch ein trockenes Filter filtriert.

Zur Bestimmung der Acetylzahl löst man nach Croner (35b) etwa 2 g des Acetylproduktes (genau gewogen) in etwa 5 cm^3 neutralisiertem Weingeist und titriert in der Kälte mit weingeistiger $N/_2$-Kalilauge (Acetylsäurezahl, d. h. die zur Absättigung der freien acetylierten Säuren erforderliche Anzahl mg KOH). Dann wird mit etwa 25 cm^3 ungefähr $N/_2$-weingeistiger Kalilauge eine halbe Stunde auf siedendem Wasserbad verseift, der Alkohol vertrieben, der Rückstand unter Zuhilfenahme von Wasser quantitativ in einen langhalsigen Kolben (Kjeldahl-Kolben) übergeführt und die Fettsäure mit überschüssiger verdünnter Schwefelsäure in Freiheit gesetzt.

Nach Aufsetzen einer Kjeldahl-Kugel wird die abgeschiedene Essigsäure mit Wasserdampf, in einem mit neutralisiertem Weingeist gewaschenem

---

[1] Zur Vermeidung des Fehlers, der davon herrührt, daß die Fettsäuren mit Essigsäureanhydrid Säureanhydride bilden, benützt man nach A. Grün (35) zur Acetylzahlbestimmung besser die Methyl- oder Äthylester, die man nach bekanntem Verfahren (s. a. S. 61 Anmerkg. 1) herstellt, etwa so, daß man in die Lösung der Säure in dem absoluten Alkohol HCl-Dämpfe einleitet. Man dampft den überschüssigen Alkohol ab, nimmt mit Äther auf, wäscht die Lösung zuerst wiederholt mit Wasser, dann mit Sodalösung, trocknet mit entwässertem Natriumsulfat und verjagt den Äther.

Man kann die Ester übrigens auch direkt aus den Fetten gewinnen, wenn man sie mit Methyl- oder Äthylalkohol und 1—2 % Schwefelsäure oder Salzsäure erhitzt.

[2] Nach Holde und Bleyberg (35a) entfernt man das Essigsäureanhydrid, indem man das in Benzin (70—80°) gelöste Reaktionsprodukt erst mit ca. 50proz. Essigsäure und dann mit heißem Wasser auswäscht.

Erlenmeyer-Kolben (1 l) überdestilliert und im Destillat (600—700 cm³) mit $N/_{10}$-Kalilauge titriert (Phenolphthalein).

Ist a die Einwage an Acetylprodukt, b die Anzahl cm³ $N/_{10}$-Kalilauge, so ist die Acetylzahl (A.Z.) $= \frac{5{,}611 \cdot b}{a}$.

Findet man eine Acetylzahl in Ölen, die keine Oxysäuren enthalten, so kann sie von Mono- oder Diglyceriden oder von höheren Alkoholen herrühren.

Um die Trockenfähigkeit eines Öles zu prüfen (und damit auf die Anwesenheit höherer ungesättigter Fettsäuren) streicht man es in dünner Schicht auf eine Glasplatte. Ein trocknendes Öl wird dabei allmählich (bis 14 Tage oder 3 Wochen) zu einem elastischen Häutchen eintrocknen.

Ob ein Öl zu den trocknenden oder halbtrocknenden gehört, läßt sich mit Hilfe der Hexabromidprobe von Hehner und Mitchell entscheiden: 1—2 g Öl werden in 40 cm³ Äther gelöst, dem man einige Kubikzentimeter Eisessig hinzugefügt hat. Zu der in Eis gekühlten Lösung setzt man Brom und läßt dann wenn möglich über Nacht in Eis stehen. Dann saugt man, falls ein Niederschlag entsteht, ab, am besten mit einer von Hehner und Mitchell angegebenen Saugvorrichtung (36), wäscht einmal mit je 10 cm³ Äther von 0° nach und trocknet zu konstantem Gewicht. Das Entstehen eines Niederschlages, wahrscheinlich eines gemischten Glycerids, dessen Säureanteil teilweise aus Hexabromstearinsäure besteht, weist auf die Gegenwart von Linolensäure und damit auf ein trocknendes Öl hin.

Die vollständige Untersuchung eines Fettes bezweckt außer der Ermittlung derNebenbestandteile (Sterine, höhere aliphatische Alkohole evtl. Kohlenwasserstoffe) und des Glycerins entweder die Ermittlung aller in den Glyceriden vorhandenen Säuren oder die Isolierung der Glyceride und deren weitere Untersuchung.

Für die Abscheidung der Glyceride sei auf die Verfahren von Holde und Stange (37) und Bömer (38) verwiesen.

Trennung von Glyceriden durch Destillation im Hochvakuum siehe Bömer, A. und Baumann, J.: Zeitschr. f. Untersuch. d. Nahrungs- u. Genußmittel 40 97. 1920.

Verzichtet man auf die Isolierung der Glyceride, so beginnt die nähere Untersuchung mit der Verseifung des Fettes.

Die Verseifung[1] nebst Abtrennung der Sterine kann nach Bömer (39) in folgender Weise vorgenommen werden:

---

[1] Statt zu verseifen (hydrolisieren) kann man auch „alkoholisieren". Man versetzt das Fett mit gleich viel Methanol und setzt so viel methyl-

100 g Fett werden in einem Erlenmeyer-Kolben von etwa 1—1 1/2 l Inhalt auf dem Wasserbad geschmolzen und mit 200 g weingeistiger Kalilauge (200 g Ätzkali in 1 l 70proz. Weingeist) auf kochendem Wasserbad am Rückflußkühler verseift. Man schüttelt häufig und kräftig um, bis der Kolbeninhalt klar geworden ist und erwärmt dann noch 1/2—1 Stunde unter bisweiligem Umschütteln auf dem Wasserbade.

Die noch warme Seifenlösung wird in einen mit 300 cm^3 Wasser versehenen Scheidetrichter (von etwa 2 l Inhalt) gegeben und der Rest im Kolben mit 300 cm^3 Wasser in denselben Scheidetrichter gespült. Nach genügender Abkühlung schüttelt man mit 800 cm^3 Äther 1/2—1 Minute kräftig durch und trennt den Äther nach der Entmischung der beiden Schichten ab. Man wiederholt das Ausschütteln noch 2—3mal mit 300—400 cm^3 Äther, filtriert die ätherische Lösung (zur Entfernung von Seifenlösung) und destilliert den Äther unter Zusatz einiger Bimssteinstückchen aus einem Erlenmeyer-Kolben ab. Den im Kolben noch befindlichen Weingeist verjagt man, indem man den Kolben ins kochende Wasserbad eintaucht und Luft einbläst. Der Rückstand wird zur Verseifung noch vorhandenen Fettes nochmals mit 10 cm^3 derselben Kalilauge (siehe oben) 5—10 Minuten am Rückflußkühler erhitzt, der Kolben wieder in einen Scheidetrichter entleert, mit 20—30 cm^3 Wasser nachgespült und der Inhalt des Scheidetrichters nach dem Erkalten 2mal mit 100 cm^3 Äther ausgeschüttelt. Nach Abtrennung der wässerig-weingeistigen Schicht wäscht man die Ätherlösung 3mal mit je 10 cm^3 Wasser, filtriert (zur Entfernung von Wasser) in ein kleines Becherglas und läßt den Äther verdunsten. Der Rückstand enthält das Sterin und evtl. andere unverseifbare Bestandteile.

Statt das Sterin mit Äther auszuschütteln, kann man es in einem Extraktionsapparat nach Heiduschka und Gloth (49) damit extrahieren.

Freie Sterine (im Gegensatz zu veresterten) kann man aus Fetten nach Fritzsche (41) in folgender Weise abscheiden: 50 g geschmolzenes klar filtriertes Fett werden in einem Becherglase von 150 cm^3 Inhalt mit 20 cm^3 einer 1proz. weingeistigen Digi-

alkoholische Salzsäure hinzu, daß der HCl-Gehalt der Mischung etwa 1,5 % beträgt. Dann erhitzt man unter gutem Umschütteln so lange am Rückflußkühler, bis mit Wasser kein unverändertes Fett (Glyceride) mehr ausfällt. (Prüfung auf Glycerin s. S. 66). Dann fällt man die entstandenen Fettsäuremethylester mit Wasser, wäscht, bis Methanol, Glycerin und Chlorwasserstoff entfernt sind, und unterwirft die Ester der fraktionierten Destillation. Die einzelnen Fraktionen kann man dann verseifen und die Fettsäuren so gewinnen, wie bei der direkten Verseifung beschrieben.

toninlösung versetzt. Das Gemisch wird auf 60—70° erwärmt und 5 Minuten lang mit Hilfe einer mechanischen Vorrichtung (Turbine) lebhaft gerührt. Während des Rührens ist die Flüssigkeit auf obiger Temperatur zu halten.

Bei flüssigen und halbweichen Fetten wird sofort durch eine leicht durchlässige, in einen Büchner-Trichter von 50 mm Durchmesser eingelegte Filterscheibe unter Saugen filtriert und der Filterrückstand durch 6maliges Auswaschen mit je 5 cm^3 Äther unter nur schwachem Saugen vom Fett befreit. Bei festen Fetten fügt man nach dem Rühren zur noch warmen Flüssigkeit 20 cm^3 Chloroform, filtriert unter Saugen und wäscht den Filterrückstand zuerst 2mal mit je 5 cm^3 warmem Chloroform und dann 6mal mit je 5 cm^3 Äther aus.

Das Digitonid kann man durch Erhitzen mit Xylol zerlegen, das das Sterin herauslöst. Oder man acetyliert durch Erhitzen mit Essigsäureanhydrid, vertreibt dieses durch Erhitzen auf dem Wasserbad mit Hilfe eines Luftstromes und gewinnt das Sterinacetat durch Umkrystallisieren des Rückstandes aus Weingeist. Das Digitoninverfahren kann man auch in folgender Weise zur Gewinnung der Sterine (der veresterten und unveresterten) benutzen. Man verseift und scheidet aus den Seifen durch Säure die Fettsäuren ab. Zu den Fettsäuren aus 50 g Fett gibt man 25 cm^3 einer 1proz. weingeistigen Digitoninlösung, indem man auf 70° hält. Tritt ein Niederschlag ein, so fügt man zu dem noch heißen Gemisch etwa 20 cm^3 Chloroform, saugt auf einer erwärmten Nutsche ab und entfernt die Fettsäuren durch Waschen mit warmem Chloroform und Äther.

Die nähere Untersuchung (42) der unverseifbaren Bestandteile kann man auch so vornehmen, daß man sie 1—2 Stunden mit dem gleichen Gewicht Essigsäureanhydrid am Rückflußkühler erhitzt. Bei Abwesenheit von Kohlenwasserstoffen erfolgt dabei vollständige Esterifizierung und Lösung; beim Erkalten können sich die Ester zum Teil ausscheiden; die Ausscheidung ist eine vollständige, wenn man mit Wasser versetzt. Die Ester der höheren Fettalkohole und des Phytosterins werden durch ihr Verhalten gegen Weingeist getrennt. Die Ester der Fettalkohole, deren Gegenwart auf wachsartige Bestandteile des unverseiften Fettes hinweist, lösen sich leicht in siedendem Alkohol und bleiben darin beim Erkalten gelöst, während Phytosterinacetat schwer löslich in Alkohol ist und aus der heiß bereiteten Lösung beim Erkalten ausfällt. Die Ester der Fettalkohole kann man durch Wasserzusatz zur alkoholischen Lösung zur Abscheidung bringen oder durch Kochen mit Ätzkali verseifen. Beim Verdünnen der verseiften Lösung mit Wasser fallen dann die Fettalkohole wieder aus.

Weitere Unterschiede zeigen die aliphatischen Alkohole gegen die Phytosterine beim Erhitzen mit Natronkalk. Die Phytosterine bleiben dabei unverändert, während aus den Fettalkoholen Säuren mit gleichem Kohlenstoffgehalt entstehen.

Über Trennung von Alkoholen und Kohlenwasserstoffen s. a. S. 78.

Trennung der festen und flüssigen Phytosterine (Matthes) (43).

Das Rohphytosterin wird in einer Schale mit etwa der gleichen Menge leicht siedenden Petroleumbenzins durchgearbeitet und gut bedeckt längere Zeit auf Eis gestellt. Die abgeschiedenen Krystalle werden schnell auf einer Filterplatte abgezogen und mit einigen Tropfen gekühltem Petroleumbenzin nachgewaschen.

Das Filtrat wird konzentriert und nach dem Erkalten in gleicher Weise wie oben mit Petroleumbenzin auf Eis gekühlt und die festen Anteile durch Filtration und Abwaschen abgetrennt. Dies wird so oft wiederholt, bis sich selbst nach längerem Kühlen keine Krystalle mehr gewinnen lassen.

Aus der Petroleumbenzinlösung wird das Lösungsmittel verdunstet und der Rückstand mit kaltem, absolutem Alkohol behandelt. Man läßt mehrere Tage stehen. Haben sich dann noch Krystalle abgeschieden, so saugt man ab und wäscht mit wenig gekühltem Alkohol nach. Man wiederholt auch diese Behandlung mit Alkohol, bis sich keine Krystalle mehr ausscheiden und kann den Rückstand der weingeistigen Lösung nochmals der Behandlung mit Petroleumbenzin unterwerfen.

Trennung von Phytosterinen nach Windaus und Hauth (44).

Man acetyliert zunächst nach S. 63. 1 g trockenes Phytosterinacetat wird in 10 cm^3 Äther gelöst und mit 2,5 cm^3 einer 5proz. Brom-Eisessig-Lösung versetzt. Ein etwa ausfallender Niederschlag (Phytosterinacetatbromid) wird abgesaugt und mit gekühltem Äther nachgewaschen. Versetzt man das Filtrat mit ein wenig Weingeist und dann mit so viel Wasser, daß Trübung eintritt, so scheidet sich das gelöst gebliebene Phytosterinacetatbromid aus[1] und wird mit weingeisthaltigem Wasser nachgewaschen.

---

[1] Das ausgefallene und das mit Wasser ausgeschiedene Acetatbromid stammen von verschiedenen Phytosterinen; das erstere gehört zum Typus des Stigmasterins, das letztere zu dem des Sistoterins (beide aus Kalabarsamen),

Zur Zurückgewinnung des Phytosterins aus den Acetatbromiden entbromt man zunächst, indem man 1 g der Verbindung mit 1 g Zinkstaub und 20 g Eisessig einige Stunden am Rückflußkühler erhitzt. Aus der heiß filtrierten Lösung scheidet man das Phytosterinacetat mit Wasser aus und krystallisiert aus Weingeist um. Dann verseift man es, indem man es mit 30 cm^3 5proz. weingeistiger Kalilauge auf dem Wasserbad am Rückflußkühler mehrere Stunden erhitzt. Aus der Lösung scheidet man das Phytosterin mit Wasser ab und schüttelt mit Äther aus. Die ätherische Lösung wird mit Wasser gewaschen und mit entwässertem Natriumsulfat getrocknet. Dann wird der Äther abdestilliert und der Rückstand aus Weingeist umkrystallisiert.

Über eine Trennung ungesättigter von gesättigten Sterinen s. Anderson, R. J. und Nabenhauer, F. P., Journ. Amer. Chem., Soc. **46**, 1957. 1924; Referat in Zeitschr. f. Untersuchg. der Lebensmittel **53**, 183. 1927.

Die Phytosterine werden durch ihren Schmelpunkt und den ihrer (Acetyl- und Benzoyl-) Ester charakterisiert. Außerdem geben sie verschiedene Farbenreaktionen, die denen des in tierischen Fetten vorkommenden Cholesterins ähnlich sind.

Solche Farbenreaktionen treten ein:

1. wenn man Phytosterin in Chloroform löst und konzentrierte Schwefelsäure zusetzt. Schwefelsäure und Chloroform zeigen Farbenreaktionen; letzteres färbt sich häufig blutrot (Hesses Reaktion);

2. wenn man es mit einer Mischung von einem Teil Wasser und 5 Teilen Schwefelsäure übergießt (Moleschotts Reaktion). Es können rote bis violette Färbungen auftreten. Gibt man noch etwas Jodlösung hinzu, so treten andere Färbungen ein;

3. wenn man es in heißem Essigsäureanhydrid löst und zu der erkalteten Flüssigkeit einige Tropfen Schwefelsäure gibt; es kann Blaufärbung eintreten (Liebermanns Reaktion);

4. wenn man es mit einer Mischung von 9 Teilen Trichloressigsäure und einem Teil Wasser übergießt oder mit flüssiger Trichloressigsäure bis zum Aufkochen erhitzt. Färbung rot bis violett (Hirschsohns Reaktion);

5. wenn man es mit konzentrierter Salzsäure und Ferrichlorid eindampft. Der Rückstand zeigt nach dem Auswaschen mit Wasser rote oder blaue Färbung (Machsche Reaktion).

Nach Entfernung der unverseifbaren Bestandteile entfernt man den Äther und Weingeist durch Abdampfen und salzt mit Kochsalz aus[1]. Der Niederschlag besteht aus Seife, d. i. den Natronverbindungen der Fettsäuren; die Flüssigkeit enthält Glycerin und evtl. die Natronsalze niederer Fettsäuren.

Zum Nachweis der etwa in der Flüssigkeit enthaltenen Fettsäuren säuert man mit Schwefelsäure an und unterwirft die Flüssigkeit der fraktionierten Destillation unter Einleiten von Wasserdampf. Zur Identifizierung sättigt man die Fraktionen mit Silbercarbonat und prüft die entstandenen Silbersalze durch Elementaranalyse und Silberbestimmung.

Neutralisiert man die bei der Destillation verbliebene Flüssigkeit (oder benützt einen nicht zur Destillation verwendeten Teil derselben) und dampft auf dem Dampfbad möglichst weit ab, so kann man dem Rückstand durch ein Gemenge von 3 Teilen 95proz. Weingeist und 1 Teil Äther das Glycerin entziehen, das dann beim Verdunsten der alkoholisch-ätherischen Lösung als Syrup zurückbleibt. Dieser muß süß schmecken, mit Wasser und Weingeist mischbar sein und folgende Reaktionen zeigen:

1. Erhitzt man mit Kupfersulfat und Natronlauge, so muß die Flüssigkeit, oder wenn sich Kupferoxyd bildet, das Filtrat blau sein.

2. Beim Erhitzen mit Kaliumbisulfat entstehen die stechend riechenden Dämpfe des Akroleins. Man leitet sie durch ein doppelt gebogenes Glasrohr in Wasser. Die wässerige Lösung muß dann ammoniakalische Silberlösung reduzieren, fuchsinschweflige Säure rot färben und außerdem folgende Reaktionen geben: a) Auf Zusatz von ein wenig Nitroprussidnatrium und nachfolgend einer sekundären Base (Dimethylamin oder Piperazin) tritt blaue oder (mit wenig Akrolein) grüne Färbung ein. b) Mit einer Lösung von Orzin in starker Salzsäure bilden sich Flocken.

Die Seife wird in Wasser gelöst und mit verdünnter Schwefelsäure zersetzt. Die höheren Fettsäuren sind in Wasser unlöslich und fallen aus, während die niedrigeren Fettsäuren bei genügender Verdünnung gelöst bleiben und durch fraktionierte Destillation voneinander getrennt werden können. Aus dem Gemenge der ausgefallenen Fettsäuren lassen sich die Säuren bis zur Kaprinsäure leicht, die nächstfolgenden höheren Glieder schwieriger mit Wasserdampf überdestillieren. Die Trennung der

---

[1] Statt auszusalzen kann man auch die Fettsäuren selbst gewinnen, indem man verdünnte Schwefelsäure zusetzt und ausäthert. Die ätherische Lösung wird zur Entfernung der Schwefelsäure ausgewaschen, mit entwässertem Natriumsulfat getrocknet und vom Äther durch Abdestillieren im Wasserstoffstrom befreit. Man kann die Fettsäuren auch ohne Ausäthern gewinnen. Man fällt entweder kalt und filtriert sie ab oder man fällt heiß, kühlt ab und trennt die wässerige Flüssigkeit von der Fettsäureschicht.

nichtflüchtigen Fettsäuren beruht teils auf dem verschiedenen Verhalten ihrer Salze gegen Lösungsmittel, teils auf den Prinzipien der fraktionierten Fällung, Krystallisation und Vakuumdestillation der Säuren oder ihrer Ester.

Mit den Fettsäuren nimmt man zunächst eine Bestimmung des Molekulargewichtes und der Jodzahl vor und geht, wenn eine solche vorhanden ist, die Fettsäuren also mindestens zum Teil aus ungesättigten Säuren bestehen, an die

Trennung der gesättigten von den ungesättigten Fettsäuren[1].

1. Verfahren von Bremer (45). Man läßt in die gegen Phenolphthalein neutralisierte heiße Lösung der Fettsäuren, also ihrer Alkalisalze, eine wässerige Lösung von Zinkacetat einfließen. Der Niederschlag wird abfiltriert, ausgewaschen und durch Pressen zwischen Filtrierpapier möglichst gut getrocknet. Dann wird er mit wasserfreiem Äther $^1/_4$—$^1/_2$ Stunde am Rückflußkühler schwach erwärmt. Der Äther löst die Zinksalze der ungesättigten Säuren. Zu ihrer Gewinnung[2] durchschüttelt man die ätherische Lösung mit verdünnter Salzsäure, läßt diese ab, wäscht wiederholt mit ausgekochtem Wasser bis zur völligen Entfernung der Salzsäure, trocknet mit entwässertem Natriumsulfat und destilliert den Äther im Wasserstoffstrom ab.

Die in Äther unlöslichen Zinksalze wäscht man wiederholt mit Äther, erwärmt sie mit Salzsäure, schüttelt nach dem Erkalten mit Äther aus und verfährt weiter wie bei der Gewinnung der ungesättigten Fettsäuren, nur unterläßt man das Durchleiten von Wasserstoff. Man erhält auf diese Weise die gesättigten Fettsäuren (noch verunreinigt mit ungesättigten).

2. Verfahren von Tortelli und Ruggeri (46). Die durch Verseifung von 20 g Öl mit 50 cm³ weingeistiger Kalilauge (4 g KOH auf 50 cm³ 90proz. Weingeist) erhaltene Seifenlösung wird nach Zusatz von 3 Tropfen Phenolphthalein mit 10proz. Essigsäure genau neutralisiert und dann in dünnem Strahle in eine siedende Mischung von 200 cm³ 10proz. Bleiacetatlösung und 100 cm³ Wasser gegossen, die sich in einem weithalsigen $^1/_2$-l-Erlenmeyer-Kolben befindet. Während des Eingießens wird fortgesetzt

[1] Genauer handelt es sich bei diesen Verfahren um die Trennung flüssiger ungesättigter Säuren von ungesättigten und gesättigten festen.

[2] Matthes und Roth (48) destillieren den Äther im Wasserstoffstrom unter Minderdruck ab, lösen dann die Zinksalze in Benzol und zersetzen sie im Scheidetrichter mit warmer verdünnter Schwefelsäure. Im übrigen verfährt man weiter wie oben.

geschüttelt. Man kühlt in fließendem Wasser unter Schütteln ab. Auf diese Weise lagert sich alle Bleiseife an den Wänden und dem Boden des Kolbens ab und die Flüssigkeit wird klar. Man gießt die Flüssigkeit ab und wäscht die Seife dreimal mit je 200 cm³ Wasser von 70—80° und kühlt ab. Hierauf entfernt man die an der Seife hängenden Wassertropfen mit Filtrierpapier und gießt in den Erlenmeyer-Kolben ungefähr 220 cm³ frischdestillierten Äther. Durch Schütteln löst man den größten Teil der Seife von der Gefäßwand los und erwärmt dann unter häufigem Schütteln 20 Minuten am Rückflußkühler. Nachdem man $^1/_2$ Stunde in fließendem Wasser abgekühlt hat, haben sich die Bleisalze der festen Fettsäuren pulverig abgesetzt. Man gießt die ätherische Lösung, die die Bleisalze der flüssigen Fettsäuren enthält, in einen Scheidetrichter, wäscht mit Äther nach und verfährt im übrigen wie bei 1.

3. Verfahren von Farnsteiner (47). Man verfährt wie in 1., fällt aber mit Bleiacetat[1] und verwendet statt Äther Benzol. Man löst die Bleisalze warm in Benzol (auf 1 g Bleisalze 50 cm³ Benzol), läßt auf 8—12° abkühlen und beläßt so 2 Stunden. Man filtriert ab, wäscht mit Benzol von 10°, löst wieder in warmem Benzol, fährt in der beschriebenen Weise weiter und wiederholt Lösung und Ausscheidung noch einmal.

Die Benzollösung, welche die Bleisalze der ungesättigten Fettsäuren (verunreinigt mit denen der gesättigten) enthält, wird, ständig unter Wasserstoff, mit dem gleichen Raumteil 10proz. Salzsäure im Scheidetrichter durchgeschüttelt, dann von der wässerigen Schicht abgetrennt und zur Entfernung des Bleichlorids mehrmals mit Wasser gewaschen. Nachdem man dann noch die Benzollösung, welche jetzt die freien Fettsäuren enthält, wenn nötig, filtrierte, wird sie im Wasserstoffstrom im Vakuum abdestilliert. Die zurückbleibenden Fettsäuren werden durch mehrstündiges Evakuieren völlig getrocknet.

Die im Benzol ungelöst gebliebenen Bleisalze der gesättigten Fettsäuren werden durch Erwärmen mit 20proz. Salzsäure zersetzt. Man verfährt weiter, wie bei den entsprechenden Zinksalzen.

4. Verfahren von A. Grün und A. Janko (49). Die Fettsäuren werden in die Äthylester verwandelt; diese werden mit Brom behandelt, wodurch die Bromderivate der Ester der unge-

---

[1] Hat man es durch heiße Fällung erreicht, daß die Bleiseifen sich an dem Kolben angesetzt haben, so kann man im Kolben auswaschen. Durch Eintauchen in siedendes Wasser kann man die Bleisalze am Boden ansammeln, den größten Teil des Wassers abgießen und den Rest vorsichtig mittels Filtrierpapierröllchen wegnehmen.

sättigten Fettsäuren entstehen. Von diesen trennt man die Ester der gesättigten Fettsäuren durch fraktionierte Destillation im Vakuum.

5. Trennung der Ölsäure von den gesättigten Fettsäuren nach dem Verfahren[1] von D. Holde, M. Selim und W. Bleyberg (50) (nach dem Prinzip von Meigen und Neuberger [51].

1 g des Fettsäuregemisches (auch weniger, bis 0,3 g bei Reduktion der Lösungs- und Fällungsmittel) wird in etwa 50 cm^3 96-volumenproz. Weingeist gelöst, mit weingeistiger (96proz.) Kalilauge (etwa $^1/_2$—$^1/_{10}$ n) neutralisiert, die Lösung mit 96proz. Weingeist auf etwa 125 cm^3 aufgefüllt und bei Zimmertemperatur mit 65 cm^3 Wasser und 35 cm^3 (4proz.) wässeriger Thalliumsulfatlösung versetzt. Nach Absetzen des Niederschlages von Thalliumsalzen gesättigter Fettsäuren bei 15° wird bei der gleichen Temperatur durch ein Faltenfilter filtriert. Der Niederschlag wird mit möglichst wenig 50proz. Weingeist, der einige Tropfen Thalliumsulfatlösung enthält, ausgewaschen. Aus dem Niederschlag und dem — das Oleat enthaltenden — Filtrat (aus letzterem nach Abdestillieren des Weingeistes) werden die Fettsäuren durch verdünnte Schwefelsäure in Freiheit gesetzt, ausgeäthert usw. Für die Trennung der Erukasäure ist das Verfahren nicht geeignet, für die der Linol- und Linolensäure z. Z. noch nicht geprüft.

Trennung der ungesättigten Fettsäuren voneinander.

Man löst sie in etwa der 10fachen Menge Eisessig, fügt etwa die doppelte Menge Äther hinzu und stellt in Eiswasser. Dazu läßt man aus einem Tropftrichter sehr langsam soviel einer Lösung von 1 Teil Brom in 2 Teilen Eisessig fließen, bis Brom im Überschuß vorhanden ist. Man läßt noch 12 Stunden bei etwa 5° stehen[2], saugt dann den Niederschlag, Linolensäurehexabromid (es sind drei Linolensäuren bekannt) ab und wäscht ihn mit einer kalten Mischung gleicher Teile Eisessig und Äther aus. Smp. des α-Linolensäurehexabromids 180—181°. Das Filtrat vom Linolensäurehexabromid gießt man in viel Wasser, filtriert den Niederschlag ab, wäscht aus, löst ihn in Äther und trocknet diesen mit entwässertem Natriumsulfat. Der Äther wird abdestilliert, der Rückstand in Petroläther aufgelöst und die Lösung 12 Stunden bei 0° belassen. Ein dabei entstehender Niederschlag besteht aus

[1] Eine von L. Baechler (Inaug.-Diss. Basel 1927 S. 62) mit dem Verfahren vorgenommene Trennung hatte kein befriedigendes Ergebnis.

[2] Bei stärkerer Abkühlung kann auch Linolsäuretetrabromid ausfallen.

Linolsäuretetrabromid und kann aus Petroläther umkrystallisiert werden. Smp. des α-Linolsäuretetrabromids 114—115°.

Das Filtrat vom Linolsäuretetrabromid enthält Ölsäuredibromid (verunreinigt durch Linolsäuretetrabromid [52]).

Zur Gewinnung der Säuren aus den Bromiden verfährt man folgendermaßen (53): 1 g Säure wird mit 5 g geraspeltem Zink und 15 cm³ 90proz. Weingeist 4 Stunden am Rückflußkühler erhitzt. Die klare Flüssigkeit wird abgegossen und zusammen mit dem Weingeist, mit dem man das Zink nachgewaschen hat, zum größten Teil abdestilliert. Den Rest, eine Lösung des Zinksalzes und des Äthylesters der Säure gießt man in 100 cm³ Wasser. Nach Zusatz von 10 cm³ verdünnter Schwefelsäure (1 : 10) wird das Gemisch 20 Minuten auf dem Wasserbade erwärmt und dann in einem Scheidetrichter zweimal mit Äther ausgeschüttelt. Der Äther wird abdestilliert und der Rückstand zur Verseifung des Esters mit 5 cm³ weingeistiger $N/_2$-Kalilauge erhitzt. Der vom Alkohol befreite Rückstand wird in Wasser gelöst, abermals mit verdünnter Schwefelsäure (1 : 10) zerlegt und mit Äther ausgeschüttelt. Man entwässert den Äther mit Natriumsulfat und destilliert ihn ab.

Die Identifizierung der Säuren erfolgt dann außer durch die physikalischen Eigenschaften durch die Bestimmung der Jodzahl.

Ölsäure. Erstarrungspunkt 4°. Jodzahl 90,07.

α-Linolsäure. Erstarrt bei —18° noch nicht. Jodzahl 181,14.

α-Linolensäure. Jodzahl 273,8.

Die Ölsäure ist noch durch die Elaidinreaktion (s. S. 59) charakterisiert.

Ein anderer Weg zum Nachweis ungesättigter Säuren nebeneinander beruht auf ihrer Oxydation durch Kaliumpermanganat in alkalischer Lösung und Trennung der entstandenen Oxysäuren durch ihr Verhalten gegen Lösungsmittel. Näheres darüber siehe Hazura, Monatsh. f. Chemie **1887**, 147, 156, 260; **1888**, 180, 198, 469, 941; **1889**, 190; auch Rosenthaler, L., Nachweis organischer Verbindungen, 2. Aufl. S. 312.

Ein Nachweis einzelner ungesättigter Fettsäuren neben anderen kann nach H. P. Kaufmann (53a) auf die verschiedene Additionsfähigkeit gegenüber Jod und Rhodan begründet werden. Bei Erucasäure, Brassidinsäure und Ölsäure stimmen jodometrische und rhodanometrische Jodzahl miteinander überein, bei Linolsäure ist letztere gleich die Hälfte der ersteren. Rhodan wird also nur an eine Doppelbindung der Linolsäure addiert.

Die bisher geprüften Säuren mit dreifacher Bindung, Stearolsäure und Behenolsäure addieren Rhodan nicht.

Trennung und Nachweis der gesättigten nichtflüchtigen[1] Fettsäuren.

1. Trennung durch fraktionierte Krystallisation. Man löst die Säuren in so viel Weingeist, daß sich bei 15° noch nichts ausscheidet und läßt dann bei 0° stehen. Den so entstandenen Niederschlag filtriert man ab. Das Filtrat konzentriert man ein wenig, kühlt wieder auf 0° ab und so fort, bis keine Ausscheidungen mehr erfolgen. Von den Ausscheidungen bestimmt man Schmelzpunkt und Molekulargewicht; man vereinigt die Fraktionen mit gleichen Eigenschaften und behandelt ihre weingeistigen Lösungen wieder wie oben, bis man Fraktionen einheitlicher Zusammensetzung hat. Schmelzpunkt und Molekulargewicht der wichtigsten Fettsäuren dieser Gruppe zeigt die folgende kleine Tabelle:

	Schmelzpunkt	Mol.-Gewicht
Laurinsäure	43,6°	200,19
Myristinsäure	53,8°	228,22
Palmitinsäure	62,6°	256,26
Stearinsäure	69,3°	284,29
Arachinsäure	77° (75°)	312,32

2. Trennung durch fraktionierte Fällung (54). Die Trennung beruht darauf, daß man zur weingeistigen Lösung der Fettsäuren eine weingeistige Lösung von Magnesium-Barium- oder Bleiacetat in einer zur Fällung der gesamten Säure unzureichenden Menge zusetzt. Es fallen dann die Salze der höhermolekularen Säuren aus. Mit dem Filtrat wird die Fällung wiederholt usw. Man fällt beispielsweise jedesmal mit dem 30. bis 40. Teil der zur vollständigen Fällung nötigen Menge des Magnesiumacetats, das in weingeistiger Lösung angewendet wird. Die nach jeder Fällung freigewordene Essigsäure ist mit Ammoniak zu neutralisieren. Die ausgefallenen Magnesiumsalze werden mit verdünnter Salzsäure zersetzt, die frei gemachten Säuren durch Umkrystallisieren oder erneute fraktionierte Fällung soweit gereinigt, daß Säuren übrig bleiben, die weder durch weitere fraktionierte Fällungen noch durch weiteres Umkrystallisieren sich in Säuren von verschiedenem Schmelzpunkt teilen lassen[2].

3. Prüfung auf Palmitinsäure (neben Stearinsäure) (55). Man löst 1 g des Gemisches in 200 cm³ 94proz. Weingeist, stellt auf Eis und filtriert nach mehreren Stunden, am besten durch einen Eistrichter. Das Filtrat wird auf die Hälfte eingedampft,

[1] Der Ausdruck nichtflüchtig, der dem üblichen Sprachgebrauch entnommen ist, ist nicht ganz einwandfrei, da auch die hier behandelten Säuren ein wenig mit Wasserdämpfen flüchtig sein können.

[2] Auch dann können noch Mischungen resultieren.

mit einer weingeistigen Lösung von 0,0301 g Magnesiumacetat (zur Ausfällung von Stearinsäureresten) versetzt und eine Nacht bei Zimmertemperatur stehen gelassen. Aus dem Filtrat wird durch Zusatz von Wasser und wenn nötig weiteres Konzentrieren Fettsäure abgeschieden und auf den Schmelzpunkt geprüft. Stimmt er mit dem der Palmitinsäure nicht überein, so löst man nochmals in Weingeist, versetzt mit der weingeistigen Lösung von 0,01 g Magnesiumacetat und verfährt weiter, wie angegeben. Wenn nötig, muß man diese Behandlung nochmals wiederholen.

4. Prüfung auf Stearinsäure (56). Man bereitet sich zunächst eine gesättigte Stearinsäurelösung, indem man 1,5 g Stearinsäure in 500 cm^3 Weingeist löst, die Lösung über Nacht in Eis stellt und dann die Mutterlauge am besten so abhebert, daß man ein zweimal rechtwinklig gebogenes Rohr anwendet, dessen kürzerer Schenkel zu einem kleinen Trichter erweitert und daselbst mit feinmaschiger Gaze überzogen ist. Man löst dann 0,5—1 g des festen Fettsäuregemisches (von flüssigen Fettsäuren 5 g) in 100 cm^3 dieser Stearinsäurelösung, wenn nötig durch gelindes Erwärmen und läßt wiederum über Nacht bei 0^0, am besten in einer Eiskiste, stehen. Am nächsten Morgen schüttelt man gelinde, überläßt noch $^1/_2$ Stunde der Ruhe und filtriert dann durch die beschriebene Filtriervorrichtung die ausgeschiedenen Stearinsäurekrystalle ab.

Statt weingeistiger Stearinsäurelösung läßt sich auch eine Lösung in Methanol verwenden.

5. Prüfung auf Arachinsäure (57). 20 g Öl werden durch Kochen mit 10 cm^3 40proz. weingeistiger Kalilauge und 30 cm^3 Weingeist verseift, dann nach Zusatz von 60 cm^3 Weingeist mit 50proz. Essigsäure (erforderlich etwa 15 cm^3) angesäuert. Zu der siedenden Lösung fügt man eine heiße Lösung von 1,5 g Bleiacetat in 50 cm^3 Weingeist. Man läßt über Nacht stehen und zersetzt dann den Niederschlag durch Erwärmen mit 5proz. Salzsäure. Die so gewonnenen Fettsäuren (etwa 2 g) werden in 50 cm^3 90proz. Weingeist durch gelindes Erwärmen gelöst. Die Lösung wird während 30 Minuten in Wasser von 15^0 gestellt. Tritt eine Krystallisation ein, so werden die Krystalle abgesaugt und erst aus 25 cm^3, dann noch einmal aus 12,5 cm^3 90proz. Weingeist umkrystallisiert. Ist die Menge der ausgeschiedenen Krystalle gering, so empfiehlt es sich, im Allihnröhrchen über Asbest abzusaugen, den Rückstand in Äther zu lösen und den Äther zu verdunsten. Der Verdunstungsrückstand wird dann umkrystallisiert. Da Arachinsäure in Weingeist nicht ganz unlöslich ist (in 100 cm^3 von 15^0 lösen sich 0,022 g), so können kleine Mengen von Arachinsäure auf diese Weise dem Nachweis entgehen.

Charakterisierung von Fettsäuren durch Bestimmung des Flüchtigkeitsgrades.

Das Verfahren beruht auf der von R. K. Dons (58) gemachten Feststellung, daß von den flüchtigen Säuren bei der Destillation mit Wasserdampf mit einer bestimmten Menge Wasser eine bestimmte, für jede Säure charakteristische Säuremenge übergeht, wobei nur die letzten Säurereste eine Ausnahme machen. Als Flüchtigkeitsgrad kann man mit A. Heiduschka und K. Luft (59) die Anzahl Kubikzentimeter $N/_{20}$-Kalilauge bezeichnen, die bei Anwendung von Rosolsäure als Indikator zur Neutralisation der mit 100 cm^3 Wasser übergehenden Säure nötig sind. Der Flüchtigkeitsgrad beträgt für:

Kaprinsäure	44,8 cm^3	Laurinsäure	12,0 cm^3	
Myristinsäure	3,2 „	Palmitinsäure	0,6 „	
Stearinsäure	0,2 „	Arachinsäure	0,04 „	$N/_{20}$-Kalilauge.

Handelt es sich um Mischungen, dann hängt der Teil, der von jeder vorhandenen Säuremenge überdestilliert, nur ab von dem gegenseitigen Mengenverhältnis, in welchem die einzelnen Säuren in der Mischung enthalten sind. Ist der Flüchtigkeitsgrad der Säure A = m und der der Säure B = n und stehen die beiden Säuren im prozentualen Verhältnis a : b, so beträgt der Flüchtigkeitsgrad der Mischung, der sich hier bei jeder Destillation ändert:

$$\frac{a \cdot m + b \cdot n}{100}.$$

Zur Ausführung der Bestimmung löst man zunächst nach Heiduschka und Luft eine bestimmte Säuremenge in ein wenig Weingeist und neutralisiert mit $N/_{10}$-Kalilauge. Man verjagt den Weingeist und versetzt mit so viel Wasser, daß eine 1 proz. Lösung entsteht.

Zu einem aliquoten Teil dieser Lösung setzt man (zur Abscheidung der Säure) einige Tropfen verdünnter Schwefelsäure und so viel Wasser, daß das Gesamtgewicht 125 g beträgt. Nach Zusatz einiger Stückchen Bimsstein destilliert man in der zur Bestimmung der Polenske-Zahl dienenden Destillationvorrichtung 100 cm^3 ab und filtriert das Destillat unmittelbar aus dem Kühler durch ein kleines Filter. Die abfiltrierten Fettsäuren löst man in warmem Weingeist, der vorher zur Ausspülung des Kühlrohres verwendet wurde, und titriert sie mit $N/_{20}$-weingeistiger Kalilauge (Rosolsäure als Indikator). Das abfiltrierte Wasser wird in den Destillationskolben zurückgegeben; dann werden wieder 100 cm^3 abdestilliert und so lange fortgefahren, als titrierbare Säuremengen übergehen.

Bestimmung des Molekulargewichts von Fettsäuren.

Kann man die Fettsäuren abwiegen, so hat man nur nötig, sie in neutralem Weingeist zu lösen und mit Phenolphthalein als Indicator mit $N/_2$-weingeistiger (auf Oxalsäure eingestellter) Kalilauge zu titrieren. Bezeichnet man dann das Molekulargewicht mit M, die abgewogene Fettsäuremenge mit y, die Anzahl der verbrauchten Kubikzentimeter $N/_{20}$-Kalilauge mit z, so wird unter der hier meist zutreffenden Annahme, daß die Säuren einbasisch sind,

$$M = \frac{20000 \cdot y}{z}.$$

Kann man die Fettsäuren nicht zur Wägung bringen wie die flüchtigen Fettsäuren von Destillaten, so kann man das Molekulargewicht doch bestimmen, wenn man die zur Neutralisation erforderliche Alkalimenge und das Gewicht der hierbei entstehenden Seife kennt. In diesem Fall geht man nach W. Arnold (60) so vor:

Man titriert die Lösungen nach Zusatz von 2 Tropfen einer 1proz. weingeistigen Phenolphthaleinlösung sehr genau und bringt die Flüssigkeit in eine gewogene Platinschale (Weinschale). Man spült das Kölbchen noch zweimal mit kleinen Mengen Weingeist nach und bringt auf dem Wasserbad zur Trockene. Die Platinschale kommt nun $^3/_4$ Stunde in den Wassertrockenschrank; nach dieser Zeit wird die so vorgetrocknete Seife mittels eines kleinen Hornspatels vorsichtig vom Boden der Schale losgeschabt und mit einem abgeplatteten Glasstab[1] möglichst verlustlos zu feinem Pulver zerrieben. Man trocknet noch $2^1/_2$ Stunden im Wassertrockenschranke und wägt die Seife nach dem vollständigen Erkalten. Von diesem Gewicht ist noch die Menge des zugesetzten Phenolphthaleins abzuziehen. Man ermittelt sie, indem man 100 Tropfen derselben Lösung aus demselben Tropfglas in gewogener Schale verdampft und 1 Stunde im Wassertrockenschrank trocknet.

Das Molekulargewicht berechnet man dann nach folgender Formel

$$M = \frac{(s - v \cdot f) \cdot 20000}{v}.$$

Darin bedeuten:
M = das zu berechnende Molekulargewicht;

[1] Es ist von Vorteil, den Glasstab gleichzeitig mit der Schale zu wiegen, von Anfang an in der Schale zu belassen und damit während des Trocknens umzurühren.

s = das durch Wägung festgestellte Seifengewicht, vermindert um das zugesetzte Phenolphthalein bzw. um den Rückstand des zugesetzten Volumens des phenolphthaleinhaltigen neutralisierten Alkohols;

v = Anzahl der bei der Neutralisation verbrauchten Kubikzentimeter weingeistiger $N/_{20}$-Kalilauge;

f = 0,0019 vermehrt um den aus einer Sulfatbestimmung sich ergebenden Wert, der folgendermaßen bestimmt wird:

Man neutralisiert in einer gewogenen Platinschale 50 cm^3 der weingeistigen $N/_{20}$-Kalilauge mit Schwefelsäure, wobei ein geringer Überschuß an letzterer nicht schadet; als Indicator dienen einige Tropfen Phenolphthaleinlösung. Der Schaleninhalt wird auf einem Trockenschranke vorsichtig zur Trockne gebracht und das Sulfat schwach geglüht. Nach dem Erkalten wird das Gewicht des so erhaltenen Sulfates festgestellt. Hat man dann beispielsweise für 1 cm^3 $N/_{20}$-Lauge 0,00439 Sulfat gefunden, so muß f um 0,00439—0,00435[1] = 0,00004 vermehrt werden, beträgt also 0,00194.

Quantitative Bestimmungen und Berechnungen.

Die Bestimmung des Fettgehaltes einer Substanz erfolgt durch Extraktion derselben mit einer Fett gut lösenden Flüssigkeit, gewöhnlich mit Äther oder Petroläther. Die Ausführung erfolgt meist mit Hilfe von Extraktionsapparaten, unter denen besonders der Soxhletsche und einige seiner Modifikationen sich als praktisch erwiesen haben.

Nach Abdestillieren des Lösungsmittels trocknet man im Heißwassertrockenschrank, wägt alle zwei Stunden und beendigt die Bestimmung, falls das Gewicht konstant ist oder (infolge Aufnahme von Sauerstoff durch die ungesättigten Verbindungen) etwa wieder zunimmt.

Zur quantitativen Feststellung der Einzelbestandteile des Fettes kommen teils die sog. quantitativen Reaktionen, teils die Operationen in Betracht, deren man sich zur qualitativen Trennung bedient, wobei man aber nicht außer acht lassen darf, daß letztere nicht immer die Genauigkeit besitzen, die man von quantitativen Trennungen zu beanspruchen gewöhnt ist.

Über Bestimmungen der Stearinsäure siehe Zeitschr. f. analyt. Chemie **39**, 176, 1900 und Zeitschr. f. Untersuch. d. Nahrungs- u. Genußmittel **6**, 22, 1903.

---

[1] 0,00435 ist der theoretische Sulfatwert für 1 cm^3 $N/_{20}$-Kalilauge.

Die Trennung der ungesättigten Fettsäuren von den gesättigten erfolgt wie bei der qualitativen Analyse (s. S. 67) durch die Bleisalze[1]. Bedient man sich hierbei der Methode von Röse, der die Fettsäuren mit Bleiglätte und Äther digerieren läßt, wobei nur normale Salze entstehen sollen, so kann man aus dem Bleigehalt der Salze das mittlere Molekulargewicht der flüssigen Fettsäuren berechnen. Kennt man noch die Jodzahl der Gesamtsäuren, so kann man bei Gegenwart von drei verschiedenen ungesättigten Säuren den Gehalt an jeder einzelnen ermitteln.

Die direkte Bestimmung des Glycerins erfolgt entweder nach einer Oxydationsmethode oder durch Acetylbestimmung oder über Isopropyljodid. Bei den Oxydationsmethoden wird entweder der Verbrauch an Kaliumdichromat oder das Gewicht der gebildeten Oxydationsprodukte (Kohlensäure oder Oxalsäure) bestimmt.

In dem Verfahren von Zeisel und Fanto wird das Glycerin durch Erhitzen mit Jodwasserstoff in Isopropyljodid übergeführt und dieses als Jodsilber bestimmt.

Die Bestimmung der unverseifbaren Anteile eines Fettes deckt sich mit ihrer Darstellung.

Für die Ausführung dieser quantitativen Verfahren sei auf die Lehrbücher der Fettanalyse verwiesen, etwa auf Benedikt-Ulzer, Analyse der Fett- und Wachsarten.

Aus der Verseifungszahl (des Neutralfettes) läßt sich der Gehalt an Glycerin berechnen, da 1 g KOH = 0,5470 g Glycerin.

Aus der Verseifungszahl ergibt sich weiter der Säuregehalt für 1 g Fett = 1 — Verseifungszahl × 0,0002258 und die Verseifungszahl der Gesamtfettsäuren (GSK) $= \frac{\text{Verseifungszahl des Fettes}}{1 - \text{Verseifungszahl des Fettes} \times 0{,}0002258}$.

Bezeichnet man den Gehalt der Gesamtfettsäuren an flüchtigen wasserlöslichen Stoffen mit x, den an flüchtigen unlöslichen mit y, den an nichtflüchtigen mit z, die entsprechenden Verseifungszahlen mit K_1, K_2, K_3, so ergibt sich

$$x \cdot K_1 + y \cdot K_2 + z \cdot K_3 = 100 \cdot \text{GSK}.$$

K_3 beispielsweise wird also $= \frac{100 \cdot \text{GSK.} - K_1 \cdot x - K_2 \cdot y}{z}$ (Arnold) (61).

Aus Esterzahl und Hehnerzahl berechnet man die Menge der flüchtigen Fettsäuren nach der Formel 100 — 0,02258 · Esterzahl —Hehnerzahl (Dieterle).

[1] Für die Trennung der Ölsäure von den gesättigten Fettsäuren kann man sich auch des Verfahrens von Holde, Selim und Bleyberg (s. S. 69) bedienen.

Ist J die Jodzahl des Öls, J_1 die Jodzahl des flüssigen Anteils der Fettsäuren, so ist der Prozentgehalt des Öls an flüssiger Säure $= \frac{100 \cdot J}{J_1}$ (Farnsteiner) (62).

Wachse.

Die Untersuchung eines Wachses erfolgt in ähnlicher Weise wie die eines Fettes. Für die quantitativen Reaktionen und die Untersuchung der Fettsäuren gilt das dort Gesagte. Einzelne Bestandteile der Wachse sind in siedendem Weingeist löslich und krystallisieren daraus beim Erkalten.

Die Gewinnung der Alkohole und des Unverseifbaren kann vorteilhaft nach dem folgenden von A. Leys herrührenden, nach Grimme beschriebenen Verfahren (63) erfolgen, das gleichzeitig eine Bestimmung dieser Bestandteile und der Fettsäuren erlaubt:

„10 g Wachs werden mit 25 g weingeistiger Kalilauge[1] und 50 cm³ Benzol ½ Stunde lang am Rückflußkühler gekocht. Darauf gibt man durch den Kühler 50 cm³ heißes Wasser hinzu, kocht weitere 10 Minuten und entfernt die Heizquelle, worauf sich der Kolbeninhalt bald in eine untere, etwas trübe Schicht, die alkoholische Seifenlösung, und eine obere, klare gelbliche Schicht, die Benzollösung der Alkohole und Kohlenwasserstoffe, trennt. Die heiße Seifenlösung wird mit einem Heber abgezogen. Darauf gibt man zur kochend heißen Benzollösung nach Zusatz von 25 cm³ Alkohol erneut 50 cm³ siedendes Wasser hinzu, kocht abermals 10 Minuten, entfernt die Flamme und zieht nach Trennung der Schichten abermals die untere Schicht ab und vereinigt sie mit der Seifenlösung. Die Benzollösung gießt man in eine gewogene flache Porzellanschale, spült den Kolben mehrmals mit etwas heißem Benzol nach und verjagt das Lösungsmittel durch Erhitzen auf dem Wasserbade. Zurück bleibt das Gemisch der Alkohole und Kohlenwasserstoffe, welches getrocknet und gewogen wird.

Will man noch eine Trennung in Alkohole und Kohlenwasserstoffe vornehmen, so löst man den gewogenen Rückstand in 100 cm³ Amylalkohol, spült die Lösung in ein hohes Becherglas, setzt 100cm³ rauchende Salzsäure hinzu, erhitzt unter Umrühren zum Sieden und läßt nach einigen Minuten unter Einstellen in warmes Wasser sehr langsam erkalten. Die in Lösung gegangenen Wachsalkohole scheiden sich hierbei feinkrystallinisch quantitativ wieder aus, während die ungelöst gebliebenen Kohlenwasser-

[1] 45 g Ätzkali auf 1 l absoluten Alkohol.

stoffe sich an der Oberfläche sammeln und beim Erkalten zum festen Kuchen erstarren. Die Alkohole werden nach dem Abfiltrieren und Auswaschen mit eiskaltem Alkohol im Vakuum über Schwefelsäure getrocknet und zur Wägung gebracht; den Kohlenwasserstoffkuchen löst man in Äther, trocknet über Chlorcalcium, verjagt das Lösungsmittel, trocknet bei 100° und wiegt.

Die in den vereinigten Seifenlösungen enthaltenen Fettsäuren werden nach dem Verjagen des Alkohols mit verdünnter Schwefelsäure in Freiheit gesetzt und in Äther gelöst. Die Ätherlösung wird mit Wasser mineralsäurefrei gewaschen, über Chlorcalcium getrocknet; der Äther wird aus gewogenem Kolben verdampft, Kolben + Fettsäuren bei 105° getrocknet und zur Wägung gebracht."

Zur systematischen wissenschaftlichen Untersuchung der Wachse, die vielfach recht komplizierte Gemische bilden, kann man sich der nachstehenden von Gascard (64) und Damoy (65) ausgebildeten Verfahren (66) bedienen. Man verseift wieder nach Leys (s. oben) und verarbeitet das nach Verdunsten des Benzols zurückbleibende Gemisch von Alkoholen und Kohlenwasserstoffen, sowie die wässerig-weingeistige Seifenlösung folgendermaßen:

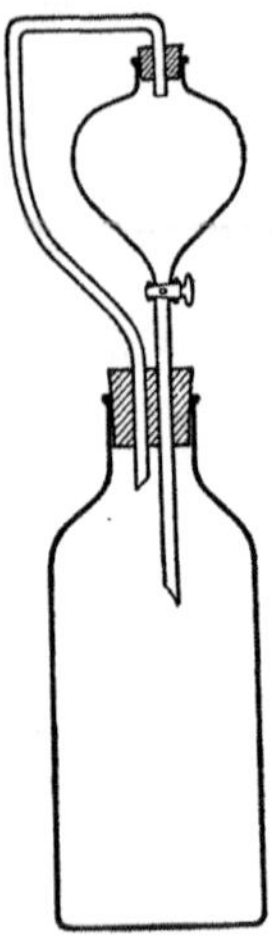

Abb. 3. Apparat von Gascard.

Die Trennung der Alkohole und Kohlenwasserstoffe erfolgt durch Krystallisation aus Benzol[1], in welchem die Alkohole schwerer löslich sind, als die Kohlenwasserstoffe. Das zuletzt erhaltene Gemisch von Alkoholen wird in der 40fachen Gewichtsmenge Benzol gelöst und der Filtration bei bestimmten Temperaturen unterworfen. Dazu dient der Apparat von Gascard, dessen Beschaffenheit aus der Abbildung ohne weitere Beschreibung ersichtlich ist. Vor dem Gebrauch bringt man in den Scheidetrichter über den Hahnen einen Wattebausch und in den Kolben ein wenig von der Flüssigkeit, die als Lösungsmittel dient. In den vorgewärmten Scheidetrichter bringt man die Lösung, setzt den oberen Kork nebst der verbindenden Röhre ein und setzt das Ganze in einen Thermostaten oder eine Heizkammer, welche die notwendige Temperatur besitzt. Auf diese Weise wurden vier Filtrationen, und zwar bei 40, 30, 20 Grad und Zimmertemperatur durchgeführt, indem jedesmal das Filtrat, das von den im Scheidetrichter bleibenden Krystallen ablief, der Filtration bei der nächst-

[1] Das bei diesen Untersuchungen anzuwendende Benzol soll durch Erwärmen mit Aluminiumchlorid von Thiophen befreit sein.

niederen Temperatur unterworfen wurde. Das letzte Filtrat wurde abdestilliert und ergab so nochmals eine Fraktion. Als Lösungsmittel diente in diesem Fall außer Benzol auch 95proz. Alkohol.

Die erhaltenen Fraktionen wurden dann weiterhin in die Essigsäure-Ester[1], seltener in die der Oxalsäure[2] übergeführt; bei den ersteren wurde ihre Lösung in Aceton, bei den letzteren die in Chloroform der Gascardschen Fraktionierung unterworfen.

Für die Analyse der Alkohole hat sich ihre Überführung in die Jodverbindungen[3] als nützlich erwiesen. Bei so hochmolekularen Alkoholen, wie sie im Bienenwachs vorkommen, genügt weder die Elementaranalyse der Alkohole und der Essigsäure-Ester noch ihre Molekulargewichtsbestimmung zur Unterscheidung der nächsten Homologen, da die Unterschiede der Werte in die Fehlergrenzen fallen. Als Beispiel seien die C- und H-Werte der Alkohole $C_{27}H_{56}O$ und $C_{26}H_{54}O$, sowie die ihrer Essigsäure-Ester $C_{29}H_{58}O_2$ und $C_{28}H_{56}O_2$ angeführt:

	% C	% H		% C	% H
$C_{27}H_{56}O$	81,82	14,14	$C_{29}H_{58}O_2$	79,37	13,33
$C_{26}H_{54}O$	81,67	14,14	$C_{28}H_{56}O_2$	79,16	13,30

Ausreichende Unterschiede erhält man dagegen durch Bestimmung des Jods (nach Baubigny und Chavanne oder dem Kalkverfahren) in den Jodverbindungen und der Verseifungszahlen der Essigsäure-Ester, besonders wenn man die zu den Bestimmungen verwendeten Mengen nicht zu klein wählt (etwa 2 g).

Zur weiteren Sicherheit empfiehlt es sich, die Alkohole mit Chromsäure zu den zugehörigen Säuren zu oxydieren[4]. Diese

---

[1] Zur Darstellung der Essigsäure-Ester erhitzt man die Alkohole entweder mit Essigsäureanhydrid oder man leitet HCl in ihre Lösung in Eisessig. Man gießt zuletzt in lauwarmes Wasser, wärmt, wäscht und trocknet den entstandenen Kuchen.

[2] Zur Darstellung der Oxalsäure-Ester erhitzt man die Alkohole mit der doppelten Gewichtsmenge reiner wasserfreier Oxalsäure 6 Stunden im Ölbad auf 140°. Der wie bei [1] erhaltene Kuchen wird nach dem Waschen und Trocknen in einem Soxhlet mit 95proz. Weingeist ausgezogen. Die Ester bleiben ungelöst.

[3] Die Darstellung der Jodverbindungen erfolgt aus 3 Mol. des Alkohols, 3,6 At. Jod und 1,1 Mol. Phosphor, den man in Schwefelkohlenstoff löst. Man vertreibt zunächst den letzteren im Dampfbad; dann erhitzt man mehrere Stunden im Chlorcalciumbad auf 110—120°. Jodkrystalle, die dabei in den Hals sublimieren, entfernt man. Das Reaktionsprodukt wäscht man mit warmem Wasser, um den Überschuß von PJ_3 zu zerstören, trocknet im Vakuum und löst in Weingeist oder Benzol und Äther.

[4] Man bringt beispielsweise 2,5 g Cerylalkohol in kleinen Anteilen in eine Suspension von 2,5 g fein gepulvertem Kaliumdichromat in 50 cm³ Eisessig. Würde man umgekehrt das Dichromat in die kochende Eisessig-Lösung des Alkohols werfen, so würde sich auch Cerotinsäurecerylester bilden.

reinigt man, indem man sie in die Kaliumsalze überführt und diese mit Weingeist oder Benzol wäscht. (Vgl. dazu das weiter unten über Darstellung und Erkennung der Säuren Ausgeführte.)

Die Kohlenwasserstoffe, die sich neben Resten von Alkoholen und andern Stoffen nach dem oben angegebenen Verfahren in dem Benzol gelöst befinden, werden zunächst mit Oxalsäure (siehe S. 79 Anmerkung 2) behandelt. Zieht man das Reaktionsprodukt mit Weingeist aus, so gehen im wesentlichen nur die Kohlenwasserstoffe in Lösung und werden durch Krystallisieren aus Weingeist weiter gereinigt, besonders dadurch, daß man die zuerst sich ausscheidenden Anteile verwirft.

Die Säuren, die sich in Form von Kalisalzen in der wässerig-weingeistigen Schicht befinden, verwandelt man zunächst in Calciumsalze, indem man die Lösung mit einem großen Überschuß einer wässerigen Lösung von Calciumchlorid versetzt. Man filtriert, wäscht und trocknet und behandelt den Niederschlag dreimal mit reichlichen Mengen von 95proz. Weingeist oder Äther, indem man ihn nach jeder Extraktion trocknet, pulverisiert und siebt. Den so von Verunreinigungen befreiten Kalkniederschlag bringt man in kleinen Anteilen in die fünffache Menge kochende 10proz. Salzsäure und kocht noch 10 Minuten nach dem letzten Zusatz. Dann gießt man das Ganze in eine größere Menge Wasser und erwärmt bis die Säuren sich als Kuchen ansammeln. Dieser wird nochmals auf warmem Wasser geschmolzen, nach Erkalten mit lauwarmem Wasser gewaschen, bis das Waschwasser nicht mehr sauer reagiert, dann im Exsiccator getrocknet und in der 50fachen Menge 95proz. Alkohol gelöst. Man filtriert im Heißwassertrichter und behandelt den beim Erkalten ausfallenden Niederschlag nach dem Verfahren der Filtration bei bestimmter Temperatur.

Auch bei den Säuren ist eine Unterscheidung der nächsten Homologen durch Elementaranalyse oder Gefrierpunktsbestimmung aus denselben Gründen wie bei den Alkoholen nicht möglich. Dagegen führen die titrimetrische Molekulargewichts-Bestimmung und die Bestimmung des Silbergehalts der Silbersalze[1] zum Ziel.

Den Wachsen in ihrer äußeren Beschaffenheit ähnlich sind die Etholide, die man aus Coniferennadeln durch Auskochen mit 80proz. Weingeist gewinnt. Da ihre Konstitution nach Bougault und Bourdier (67) durch folgende Formel ausgedrückt wird:

---

[1] Zur Darstellung der Silbersalze versetzt man die weingeistige Lösung der Kaliumsalze mit Silbernitrat. Sind die Kaliumsalze nicht genügend löslich, so geht man von den freien Säuren aus und versetzt mit Ammoniak.

$$R-CHOH-(CH_2)n-COO-\underset{\displaystyle R}{\underset{|}{C}H}-(CH_2)m-COO-\underset{\displaystyle R}{\underset{|}{C}H}-(CH_2)p \ldots COOH,$$

so ergeben sie durch Verseifung lediglich Oxysäuren.

Lecithine (Phosphatide).

Im Anschluß an die Fette und Wachse seien noch die Lecithine besprochen, die in den Pflanzen, zumal in den Samen, häufig zu finden sind. In Wasser nur aufquellend finden sie sich in den Auszügen, die man mit Petroläther, Äther und Weingeist herstellt, in letzterem auch dann, wenn man mit einem der beiden anderen Lösungsmittel vorher erschöpfend ausgezogen hatte, da in den Pflanzen anscheinend lecithinhaltige Bestandteile vorkommen, aus denen das Lecithin durch Kochen mit Weingeist abgespalten wird. Zur Darstellung der Lecithine extrahiert man zunächst mit Äther, dann mit Weingeist bei etwa 60^0, dunstet die weingeistigen Auszüge bei 40—50^0 ein und behandelt den Rückstand mit kaltem Äther. Die ätherische Lösung schüttelt man mit Wasser aus; etwa eintretende Emulsionsbildung beseitigt man mit Kochsalz. Den Äther dunstet man ab, nimmt den Rückstand mit absolutem Weingeist auf und bringt das Lecithin daraus durch Abkühlung zur Abscheidung. Es wird über Schwefelsäure getrocknet.

Bei Vorliegen lecithinreichen Ausgangsmaterials kann man sich zunächst Lecithin nach einem der technischen Verfahren herstellen und es dann reinigen. Die Technik stellt Lecithin aus chinesischem Eigelb entweder so her, daß man mit Methanol auskocht und im Vakuum eindunstet oder man kocht mit Weingeist aus, konzentriert, trennt das Öl ab und fällt mit Aceton.

Zur Reinigung des Lecithins von Sterinen und Fetten kann man nach einem patentierten Verfahren (68) eine wässerige Natriumcholat-Lösung mit Lecithin bis zur Lösung verrühren, dann Weingeist und schließlich Äther bis zur Trübung zusetzen. Durch vorsichtigen weiteren Zusatz von Äther erhält man fast die Gesamtmenge der Doppelverbindung als lange feine Nadeln. Diese werden mit Äther extrahiert und in Wasser gelöst. Die wässerige Lösung wird mit Äther überschichtet und mit 10proz. Salzsäure versetzt. Nach dem Durchschütteln wird der abgehobene Äther zur Entfernung der Gallensäuren mit sehr verdünnter Sodalösung gereinigt und dann abdestilliert.

Oder man verreibt eine 50proz. Natriumcholat-Lösung mit Lecithin bis zur Bildung einer homogenen Flüssigkeit, schüttelt zur Entfernung von Verunreinigungen (Fett und Sterine) zweimal mit Äther oder Benzol und dampft die wässerige Lösung im Vakuum ein. Aus dem festen Rückstand wird das Lecithin mit Äther herausgelöst und durch Abdampfen des Äthers gewonnen.

Zur Überführung des Lecithins in eine krystallisierte Doppelverbindung können auch andere gallensaure Salze (desoxycholsaures, glycocholsaures, apocholsaures Alkali) verwendet werden.

Über die Gewinnung eines krystallisierten Lecithins durch starke Abkühlung einer ätherischen durch geeignete Vorbehandlung gewonnenen Lösung s. Escher, H. H.: Helv. chim. acta 8, 686, 1925.

Zur Darstellung von Lecithin aus tierischen Organen benützen Levene und Rolf (68a) die Eigenschaft der Lecithine aus weingeistiger oder acetonischer Lösung durch eine gesättigte Lösung von Cadmiumchlorid in Methanol vollständig ausgefällt zu werden. Die Kadmiumverbindungen werden durch wiederholtes Ausäthern vom größten Teil der Kephaline befreit, dann in der vierfachen Menge Chloroform suspendiert und mit einer 25proz. Lösung von Ammoniak in Methanol versetzt, bis kein Niederschlag mehr ausfällt. Die Lecithinlösung wird bei 35—40° im Vakuum getrocknet, der Rückstand mehrmals mit Äther durch Wiederauflösung und Verdunstung behandelt, schließlich in absolutem Alkohol gelöst, wobei die Kephaline ungelöst zurückbleiben. Zur Entfernung von Ammoniak wird die Lösung von 50 g Lecithin in 50 cm³ Äther mit dem gleichen Volum 10proz. Essigsäure geschüttelt und die Emulsion in 500 cm³ Aceton gegossen.

Die ätherisch-weingeistige Lösung der Lecithine gibt mit weingeistigem Platinchlorid einen gelblich weißen Niederschlag, der in Äther löslich ist. Bei der Verseifung mit Barytwasser zerfallen sie in Cholin oder andere Basen, Glycerinphosphorsäure und Fettsäuren.

Die quantitative Bestimmung der Lecithine erfolgt häufig durch Ermittlung der aus ihnen durch Oxydation gebildeten Phosphorsäure.

Ätherische Öle.

Die Darstellung der ätherischen Öle erfolgt meistens durch Destillation des zerkleinerten Materials mit Wasser oder Wasserdämpfen. Das Öl wird von dem destillierten Wasser mit Hilfe von Florentiner Flaschen, Scheidetrichtern oder ähnlichen Vorrichtungen getrennt. Ein Teil des in Wasser gelösten Öles kann durch Zusatz von Kochsalz abgeschieden und ebenfalls in Florentiner Flaschen abgetrennt oder mit Äther ausgeschüttelt werden (Wasseröle). Dagegen kommen für den Pflanzenchemiker die mannigfachen anderen Verfahren kaum in Betracht, mit denen die Industrie Öle und Riechstoffe herstellt, die gegen höhere Temperaturen und also gegen Wasserdampfdestillation empfindlich sind. Solche Verfahren sind; Die mechanische Verletzung der Sekretbehälter oder Auspressen, die Maceration (Herstellung von Pomaden und deren Extraktion mit Weingeist), Extraktion durch Petroläther und Aufnahme des Extrakts mit Weingeist und die Enfleurage, bei der man die Duftstoffe von Fetten aufnehmen läßt, die sich in einiger Entfernung von dem Duftstoffmaterial befinden. Den Fetten kann man die Riechstoffe wieder durch Weingeist entziehen.

Man stellt zunächst die wichtigsten physikalischen Eigenschaften des Rohöles fest: Spezifisches Gewicht, optisches Verhalten und Löslichkeit. Aus dem spezifischen Gewicht lassen sich einige Schlüsse auf die Bestandteile des Öles ziehen. Ein spezifisches Gewicht unter 0,9 weist auf reichliches Vorhandensein von Terpenen oder aliphatischen Verbindungen hin, ein solches über 0,9 wird durch die Anwesenheit von Sauerstoff, Stickstoff oder Schwefel enthaltenden Verbindungen veranlaßt, ebenso durch Benzolderivate. Bei Gegenwart größerer Mengen von genannten Körpern, besonders von Nitrilen, Sulfiden und Rhodaniden, kann das spezifische Gewicht über 1 steigen.

Zur Voruntersuchung können folgende Maßnahmen vorgenommen werden:

1. Feststellung der Reaktion. Saure Reaktion deutet auf freie Säuren oder phenolartige Körper.

2. Untersuchung auf Stickstoff (s. S. 14). Man verwendet eine längere Röhre.

3. Untersuchung auf Schwefel. Die Substanz wird mit rauchender Salpetersäure im zugeschmolzenen Rohr im Bombenofen erhitzt und die Flüssigkeit nach Verdünnen mit Wasser mit Chlorbarium auf etwa entstandene Schwefelsäure geprüft.

4. Auf Aldehyde kann mit ammoniakalischer Silbernitratlösung geprüft werden, welche durch sie (oft mit Bildung eines Silberspiegels) reduziert wird.

5. Aldehyde und Ketone geben sich außerdem durch ihr Verhalten gegen Phenylhydrazin, Semicarbazid und Hydroxylamin zu erkennen, mit denen sie sich in der Regel zu krystallinischen Körpern vereinigen.

6. Abkühlung durch Kältemischung. Manche Öle geben in der Kälte eine krystallinische Ausscheidung.

7. Die Elementaranalyse. Sie wird darüber Aufschluß geben, ob sauerstoffhaltige Körper vorhanden sind.

8. Wie bei den Fetten, so geben auch hier einige gewöhnlich zur quantitativen Bestimmung ausgeführte Reaktionen Anhaltspunkte für die qualitative Zusammensetzung.

a) Esterzahl. Erwärmt man das Öl mit weingeistiger Kalilauge (am besten $^1/_2$n-Lauge) etwa 1 Stunde auf dem Dampfbad und titriert mit Schwefelsäure zurück, so zeigt ein Verbrauch von Kali das Vorhandensein eines Esters an, wenn Lactone, freie Säuren und aromatische Aldehyde fehlten oder entfernt wurden.

b) Sind freie Säuren oder Phenole vorhanden, so bestimmt man die Säurezahl durch Titrieren mit kalter weingeistiger Kalilauge und die Verseifungszahl (wie die Esterzahl). Die Differenz zwischen Verseifungszahl und Säurezahl entspricht der Esterzahl.

c) Der positive Ausfall einer Methoxylbestimmung nach Zeisel zeigt das Vorhandensein ätherartiger Verbindungen an. Man erwärmt das Öl mit Jodwasserstoffsäure und leitet das etwa entstandene Jodalkyl nach passender Reinigung in eine weingeistige Silbernitratlösung, die dann Jodsilber abscheidet.

d) Die Carbonylbestimmung ist bei Gegenwart von Aldehyden und Ketonen auszuführen. Das Öl wird mit Phenylhydrazin erwärmt, das etwa entstandene Hydrazon abfiltriert und das überschüssige Phenylhydrazin durch Kochen mit alkalischer Kupferlösung oxydiert. Der hierdurch entwickelte Stickstoff wird aufgefangen und gemessen.

e) Acetylbestimmung. Man kocht das Öl mit Essigsäureanhydrid und trockenem Natriumacetat, scheidet es dann durch Wasserzusatz ab, entfernt mit Sodalösung die überschüssige Säure und mit Wasser die überschüssige Soda und bestimmt die Verseifungszahl des mit wasserfreiem schwefelsaurem Natron getrockneten Öles. Ist die Verseifungszahl größer als die des nicht auf diese Weise behandelten Öles, so enthält das Öl Alkohole (evtl. Phenole oder auch Oxysäuren).

Bei positivem Ausfall der Reaktionen 1, 4, 5 und 6 verfährt man dementsprechend. Durch Abkühlung scheidet man die in der Kälte ausfallenden Bestandteile ab. Säuren extrahiert man durch Ausschütteln mit schwachen Lösungen von Alkalicarbonat, Phenole durch Natronlauge[1]. Aus der alkalischen Lösung scheidet man die Phenole entweder durch Zusatz verdünnter Schwefelsäure oder durch längeres Einleiten von Kohlendioxyd in die erwärmte Flüssigkeit ab. Die in Freiheit gesetzten Phenole äthert man entweder direkt aus oder man destilliert sie mit Wasserdämpfen ab und gewinnt sie durch Ausäthern des Destillats.

[1] Nur in seltenen Fällen lassen sich Phenole nicht an wässerige Laugen binden. Man benutzt dann nach Claisen eine Lauge folgender Zusammensetzung: 350 g Ätzkali, 400 g Wasser, Methanol zu 1 Liter. Bei der Zersetzung der Phenolkalium-Verbindungen durch Kohlensäure hat man zu beachten, daß auf diese Weise häufig nicht die freien Phenole, sondern deren saure Alkaliverbindungen gebildet werden (H. Meyer) (69).

Aldehyde und Ketone $RCOCH_3$ bindet man durch Schütteln mit einer konzentrierten Lösung von Natriumbisulfit an dieses. Aus den so entstandenen Verbindungen lassen sich durch Erwärmen mit verdünnten Säuren die betreffenden Körper zurückgewinnen. Die Verbindungen der Aldehyde und Ketone mit saurem schwefligsaurem Natron werden auch durch Alkalien zersetzt. Auch aus den Semicarbazonen, welche entstehen, wenn man eine konzentrierte wässerige Lösung des salzsauren Semicarbazids mit einer weingeistigen Kaliumacetatlösung und dem Keton versetzt und, wenn nötig, erwärmt, kann man durch Säuren die Ketone wiedergewinnen.

Nach der Abscheidung dieser Bestandteile versucht man, die übrigen Anteile des ätherischen Öles durch fraktionierte Destillation[1] bei gewöhnlichem oder vermindertem Druck nach Möglichkeit voneinander zu scheiden. Auch das Fraktionieren im Dampfstrom wird häufig ausgeführt.

Der Siedepunkt der Fraktionen gewährt oft Rückschlüsse auf ihre Zusammensetzung. So sieden die Terpene der Formel $C_{10}H_{16}$ zwischen 150 und 190°, die Sesquiterpene etwa 100° höher, die Diterpene noch höher.

Die Vergleichung der elementaren Zusammensetzung der einzelnen Fraktionen mit der des Rohöles gewährt manche Anhaltspunkte z. B. über die in den Fraktionen vorhandenen Mengen der Sauerstoff enthaltenden Bestandteile.

Die Fraktionen untersucht man dann in ähnlicher Weise, wie für das Rohöl angegeben, auf ihre Bestandteile und verfährt dementsprechend.

Alkohole charakterisiert man durch Überführung in Ester, besonders in die der Benzoesäure, Phthalsäure und Bernsteinsäure. Primäre Alkohole kann man an wasserfreies Chlorcalcium binden und die Alkoholate mit Wasser wieder zersetzen. Weitere zur Abscheidung der Alkohole geeignete Verbindungen sind die Phenylurethane, welche durch Einwirkung von Phenylisocyanat auf die Alkohole entstehen.

Zur Charakterisierung der Phenole benützt man Ester, Urethane, Phenylurethane u. dgl.

Besonders geeignet zur Charakterisierung der Phenole sind nach J. Herzog (70) die Diphenylurethane. Auch die α-Naphthylurethane krystallisieren meist gut.

---

[1] Beim Fraktionieren ist es vorteilhaft, sich der Fraktionieraufsätze zu bedienen, wie sie von Linnemann, Wurtz, Hempel und anderen konstruiert worden sind.

Über die Darstellung der Carbaminsäure- und Allophansäureester s. Gattermann, Annal. d. Chem. **244**, 43, 1888; über die Überführung der Phenole in Arylglycolsäuren s. Schütz, F. Buschmann, W. und Wissebach, H. Ber. deutsch, chem. Gesellsch. **56**, 1967, 1923.

Über die Verwendung der p-Nitrobenzyläther zur Identifizierung der Phenole s. E. Emmet Reid, Journ. Amer. Chem. Soc. **39**, 304, 1917; 42, 615, 1920 und Chem. Zentralbl. 1918 I, 141 und 1920 III, 84.

Etwa vorhandene Ester werden verseift und ihre Verseifungsprodukte nachgewiesen.

Enthalten die hauptsächlich aus Kohlenwasserstoffen bestehenden Fraktionen kleine Anteile sauerstoffhaltiger Körper, so destilliert man nochmals nach Zusatz von metallischem Kalium oder Natrium.

Die am häufigsten in den ätherischen Ölen vorkommenden Kohlenwasserstoffe sind die Terpene, deren Trennung und Charakterisierung großenteils auf den von Wallach gefundenen und ausgearbeiteten Methoden beruht. Diese bestehen in der Herstellung krystallinischer Produkte aus den terpenhaltigen Fraktionen. Die wichtigsten dieser Terpenderivate sind:

1. Halogenwasserstoffadditionsprodukte (71). Man stellt sie dar, indem man zu der Lösung des Halogenwasserstoffs in Eisessig die mit demselben Mittel bewirkte Lösung des Kohlenwasserstoffs gibt und durch Eingießen in Eiswasser die Additionsprodukte ausfällt. Behandelt man dieselben in Eisessiglösung mit wasserfreiem Natriumacetat (72), so werden die Kohlenwasserstoffe zurückgebildet.

2. Die Bromide. Sie bilden sich, wenn man Brom von der gut gekühlten Lösung der Terpene in Äther-Alkohol oder Eisessig absorbieren läßt (73).

3. Die Nitrosite entstehen beim Durchschütteln der terpenhaltigen Fraktionen mit einer Lösung von Natriumnitrit und Essigsäure.

4. Die Nitrosochloride (74). Man erhält sie, wenn man ein kalt gehaltenes Gemisch von Terpen und Amylnitrit mit konzentrierter Salzsäure durchschüttelt und dann etwas Weingeist oder Eisessig hinzufügt.

5. Aus den Nitrosochloriden entstehen die Nitrolamine (75), wenn man sie mit der weingeistigen Lösung einer geeigneten organischen Base auf dem Wasserbad erwärmt.

In einzelnen Fällen können die Terpene durch Farbenreaktionen identifiziert werden. Man erhält z. B. eine intensiv blaue

Flüssigkeit, wenn man zu einer Lösung von wenig Sylvestren in Essigsäureanhydrid einen Tropfen konzentrierte Schwefelsäure gibt.

Für die Bestimmung ätherischer Öle in Drogen hat C. Mann (76) eine Methode ausgearbeitet. Seine Vorschrift lautet: „20 g des zerkleinerten Gewürzes mischt man mit der Hälfte des Gewichtes Bimssteinstückchen und destilliert (über den dazu erforderlichen Apparat s. Arch. d. Pharmazie 1902, S. 152). Das Destillat salzt man aus, versetzt dasselbe mit 50 cm³ Rhigolen, ergänzt dieses nach der Durchschüttelung wieder auf das ursprüngliche Maß, pipettiert 25 cm³ entsprechend 10 g Gewürz hiervon ab, verdunstet dieselben im Wägeglas, multipliziert das erhaltene Gewicht ätherischen Öles mit 10 und erhält so den Prozentgehalt des Gewürzes an ätherischem Öl."

Nach Reich (77) bringt man besser das in Äther, Rhigolen oder Pentan gelöste ätherische Öl in ein Mannsches Wägekölbchen, verdunstet die Hauptmenge des Lösungsmittels, indem man einen getrockneten Luftstrom hindurchschickt, setzt alsdann eine geeignete Menge Isopropylchlorid hinzu, läßt die entweichenden Verdunstungsgase gegen ein erhitztes Kupferdrahtnetz strömen und fährt mit der Luftzufuhr so lange fort, bis die grüne Halogenkupferflamme verschwunden ist.

Verfahren von Griebel (78).

10 g des gemahlenen Gewürzes (von Gewürznelken 5 g) werden in einem Stehkolben von einem Liter Inhalt mit 300 cm³ Wasser übergossen und nach Zugabe einiger Siedesteinchen unter Verwendung eines gewöhnlichen doppelt gebogenen Destillationsrohres und senkrecht absteigenden Kühlers (Länge des Kühlrohres 55 cm, des Mantels 22 cm) der Destillation unterworfen.

Die Erhitzung erfolgt auf dem Drahtnetz mit Hilfe eines kräftigen Bunsenbrenners. Als Vorlage dient ein Erlenmeyer-Kolben oder ein Scheidetrichter, den man bei 150 und 200 cm³ mit einer Marke versehen hat.

Sobald 150 cm³ übergegangen sind, werden nach Entfernung der Flamme die der Kolbenwandung anhaftenden Pulverteile durch Umschwenken wieder verteilt und dann nochmals 50 cm³ überdestilliert. Falls im Kühlrohr noch durch Abscheidung von ätherischem Öl verursachte Trübungen zu erkennen sind, ist die Kühlung vorübergehend abzustellen. Das Destillat wird im Scheidetrichter mit 60 g Kochsalz versetzt und dreimal mit je 20 cm³ Pentan ausgeschüttelt. Die vereinigten Ausschüttelungen läßt man zur Abscheidung mitgerissener Salzlösung einige Minuten stehen, führt sie in ein gewogenes weithalsiges Erlenmeyer-

Kölbchen von 100 cm^3 über, dunstet das Pentan auf einem mäßig geheizten Wasserbade vorsichtig ab, entfernt die Reste des Lösungsmittels mit dem Gummigebläse und legt den Kolben vor der Wägung 30 Minuten in den Exsiccator. Bei einer Kontrollwägung nach weiteren 15 Minuten darf die Abnahme nur wenige Milligramm betragen, sonst ist nach 15 Minuten nochmals zu wägen. Das Pentan ist vor der Bestimmung auf völlige Flüchtigkeit zu prüfen.

Über das Verfahren von O. Dafert s. Zeitschr. f. Landwirtschaftl. Versuchswesen in Deutsch-Österreich **26**, 105; Chem. Zentralbl. 1924 I, 2642.

Über die Bestimmung ätherischer Öle s. auch Peyer, W. und Diepenbrock, F., Apotheker-Ztg. 1926 Nr. 16/17 und Jahresber. der Caesar & Loretz A.G. 1927, S. 203.

Die Darstellung flüchtiger Körper, wie sie z. B. in der Familie der Ranunculaceen vorkommen, schließt sich der Gewinnungsweise der ätherischen Öle an. Sie werden gleichfalls mit Wasserdämpfen überdestilliert (79) und durch Ausschütteln des Destillats zu isolieren gesucht.

Harze.

Hat man ein Harz zu untersuchen[1], so empfiehlt es sich, es in grob gepulvertem Zustand, falls es sich pulvern läßt, oder in dünnem Ausstrich, wenn es sich um halbweiche oder um weiche Harze handelt, unter dem Mikroskop zu betrachten. Man wird so vor allem feststellen, ob es ganz oder teilweise krystallinisch ist und wird in letzterem Fall bereits bei mikroskopischer Betrachtung feststellen, ob sich die krystallinische Substanz durch geeignete Lösungsmittel von der amorphen trennen läßt. Auch zeigt häufig ein ebenfalls mikroskopisch zu beobachtender Versuch mit gesättigter weingeistiger Kali- oder Natronlauge (s. S. 58 Anmerkg. 2), ob leicht verseifbare Stoffe vorhanden sind.

Geruch und Geschmack des Harzes weisen darauf hin, ob ätherische Öle und Bitterstoffe zugegen sind.

Durch Mikrosublimation (s. S. 15) überzeugt man sich davon, ob das Harz leicht sublimierende Stoffe enthält.

Man macht dann Löslichkeitsversuche; insbesondere überzeugt man sich davon, ob nach Behandlung mit Weingeist ein Stoff

---

[1] Für das Gelingen der Untersuchung ist häufig die richtige Auswahl des Materials entscheidend. Man verwende bei in unverändertem Zustand farblosen Harzen möglichst helle Stücke und entferne etwa vorhandene gefärbte Krusten.

von den Eigenschaften eines Gummis (s. S. 118) übrigbleibt, ob es sich also um ein Gummiharz handelt.

Den weingeistigen Auszug prüft man nach Zusatz von Wasser und blauem Lackmuspapier auf Vorhandensein einer Säure. Einen weiteren Einblick erhält man durch Bestimmung der Säure- und Esterzahl (vgl. S. 83).

Nach diesen Vorversuchen wird man den einzuschlagenden Gang ausarbeiten.

Bei Gummiharzen wird man zunächst das Harz vom Gummi durch Behandeln mit Weingeist oder Äther trennen, ätherische Öle wird man mit Wasserdampf abdestillieren, Bitterstoffe mit Wasser herauslösen; Säuren wird man aus geeigneten Lösungen (etwa in Äther) mit Alkalien ausschütteln, Aldehyde mit Natriumbisulfit (s. S. 85) und was dergleichen mehr ist.

Bei der mannigfaltigen Zusammensetzung der Harze kann ein Gang, nach welchem jedes Harz untersucht werden könnte, nicht angegeben werden. Die in nachstehendem mitgeteilten Verfahren, die sich in einzelnen Fällen bewährt haben, werden, sinngemäß abgeändert, sich auch noch in anderen Fällen anwenden lassen.

Untersuchung des Styrax nach W. v. Miller (80).

Das dem Styrax beigemengte Wasser enthielt Chlornatrium, Zimtsäure und Benzoesäure, welch letztere mit Wasserdämpfen übergetrieben wurde.

Destillation des Styrax mit Wasserdampf lieferte Styrol. Der Rückstand der Destillation oder im Wasserbad durch ein Tuch geseihter „gesaigerter" Styrax wurde zwei Tage lang mit kalter verdünnter Natronlauge ausgezogen, wobei ein weißer pulveriger Rückstand blieb.

In die alkalische Lösung wurde Kohlensäure eingeleitet. Die Ausscheidung „Storesin" (s. unten) wurde abfiltriert. Das Filtrat wurde mit Salzsäure erhitzt und heiß koliert. Beim Erkalten der Flüssigkeit fiel Zimtsäure aus. Das auf dem Koliertuch zurückgebliebene nach Vanille riechende Harz wurde in Äther gelöst und die Lösung zur Gewinnung des Vanillins mit einer Lösung von Natriumbisulfit ausgeschüttelt.

Der oben erwähnte weiße pulverige Rückstand enthielt das Styracin, das aber leichter dadurch gewonnen wurde, daß der gesaigerte Styrax mit Petroläther ausgezogen wurde, der außer dem Styracin (Zimtsäurecinnamylester) noch Zimtsäurephenylpropylester und Zimtsäureäthylester aufnahm. Das vollständig mit Petroläther erschöpfte Harz wurde mit einem Gemisch von Äther und Petroläther aufgenommen und der daraus bleibende Rückstand durch Aufnehmen in Äther und Fällen mit Petroläther gereinigt. Der aus der so erhaltenen Lösung bleibende Rückstand wurde in ätherischer Lösung zur Entfernung freier Zimtsäure mit sehr verdünnter Sodalösung ausgeschüttelt. Das aus dem Äther Erhaltene wurde mit verdünnter Kalilauge verseift. Die Verseifungsflüssigkeit gab mit verdünnter Kalilauge einen Niederschlag, der im wesentlichen aus α-Storesinkalium bestand und der mit Salzsäure zersetzt wurde. Eine weitere Menge von Storesin wurde durch Einleiten von Kohlendioxyd in das alkalische Filtrat erhalten.

Eine Trennung von α- und β-Storesin konnte dadurch erzielt werden, daß das Gemisch mit Kalilauge 1 : 1000 behandelt wurde. Die ersten Auszüge enthielten ziemlich reines β-Storesin, die nächsten ein Gemisch von α- und β-Storesin, die letzten reines α-Storesin.

Untersuchung der Siam-Benzoe nach F. Reinitzer (81). Man löste fraktioniert in Äther und erhielt aus den späteren Ätherlösungen (die ersten Lösungen wurden besonders verarbeitet) nach Zusatz von Petroläther bis zur beginnenden Trübung nach Abkühlen auf — 3—6° C Krystallaggregate von Lubanolbenzoat, die man durch Wiederholung des Fällungsverfahrens rein erhielt.

Diejenigen Mutterlaugen, in denen bei längerem Stehen keine Krystalle mehr entstanden, wurden vorsichtig im Wasserbade abdestilliert, zunächst bei 25—35°, dann bei 35—45°, bis die Flüssigkeit im Destillierkolben so stark eingeengt war, daß sie durch eine weiße Ausscheidung von amorphem Harz stark getrübt war. Beim Stehen in der Kälte bildeten sich in der trüben Flüssigkeit meist noch einige Krystalldrusen von Lubanolbenzoat, sowie ein feiner schwerer Krystallsand von Siaresinolsäure. Durch Abgießen und Abspülen mit Äther-Petroläther konnte das amorphe Harz entfernt werden. Es wurde abfiltriert und durch Lösen in Äther und Fällen mit Petroläther gereinigt. Die Krystalle des Lubanolbenzoats und der Siaresinolsäure konnten durch kalten Äther getrennt werden, der die Siaresinolsäure nur langsam und schwierig löst, so daß sie als wenig angegriffener Krystallsand zurückblieb. Die letzten Mutterlaugen gaben beim Verdunsten Krystalle von Benzoesäure.

Das Natriumsalz der Siaresinolsäure konnte außerdem durch Behandlung der Benzoe mit 4—5proz. Natronlauge gewonnen werden, wobei es ungelöst blieb; es konnte durch Krystallisieren aus Weingeist rein erhalten werden.

Untersuchung des Kopals.

a) nach P. Horrmann (82).

500 g Kopal wurden drei Tage lang mit 1500 cm³ Äther geschüttelt. Der Äther wurde abgegossen und der Rückstand noch-

mals mit Äther durchgeschüttelt. Die ätherische Lösung wurde zuerst mit 500 cm^3 einer 2proz. Ammoncarbonatlösung ausgeschüttelt und letztere nach Entfernen in verdünnte Schwefelsäure eingetragen. Darauf wurde die ätherische Harzlösung in der gleichen Weise wie beim ersten Versuch mit 2proz. Sodalösung erschöpfend extrahiert, mit dem Unterschied, daß die Seifenlösungen jedesmal mit frischem Äther ausgeschüttelt wurden, um einerseits die mitgerissenen Mengen an ätherischem Öl, andererseits in Äther lösliche Stoffe nach Möglichkeit herauszulösen. Aus den Harzseifenlösungen wurden die Säuren wieder mit verdünnter Schwefelsäure gefällt.

Aus der verbliebenen ätherischen Lösung wurde der Äther abdestilliert und aus dem Rückstand das ätherische Öl mit Wasserdampf abgetrieben; die neutralen Harzbestandteile blieben im Kolben zurück.

Zur Reinigung der Rohsäuren wurde in ihre Lösung in 2proz. Sodalösung Kohlensäure unter geringem Druck bis zur Sättigung eingeleitet; aus dem Filtrat wurden die Harzsäuren durch Salzsäure gefällt. Mit diesen Fällungen wurde dasselbe Verfahren so lange wiederholt, bis keine Fällung mit Kohlensäure mehr eintrat.

Der bei den Extraktionen mit Äther nichtgelöste Teil des Harzes wurde in annähernd dem doppelten Volumen Weingeist gelöst. Nach Abfiltrieren der mechanischen Verunreinigungen wurde die weingeistige Lösung in siedendes Wasser getropft.

b) nach J. Scheiber (83).

Je 250 g des in bohnengroße Stücke zerschlagenen Harzes wurden mit etwa 1 Liter 5proz. Ätzkalilösung übergossen und dann durch Einleiten eines Dampfstromes erhitzt. Hierbei erfolgte im Laufe von 1—2 Stunden klare Lösung des Harzes; gleichzeitig sammelte sich in der Vorlage ätherisches Öl an.

Die dunkelbraune Harzlösung wurde koliert und nach Erwärmen auf etwa 30° mit Salzsäure angesäuert. Die Fällung wurde abfiltriert und nach Nachwaschen mit kaltem Wasser in 5proz. Ammoniumcarbonatlösung eingetragen. Auf insgesamt 1 kg Kopal kamen 15—25 Liter Ammoncarbonatlösung. Das Ganze wurde in Glasballons eingefüllt und unter öfterem Durchschütteln mehrere Tage stehen gelassen. Dann wurde abfiltriert. Aus den Filtraten wurde die Rohsäure durch Salzsäure ausgefällt, ausgewaschen, zwischen Fließpapier abgepreßt und bei gelinder Wärme getrocknet. Durch Umkrystallisieren des trockenen Rohproduktes aus einem Gemisch gleicher Teile Äthyl- und Methylalkohol wurde die Rohsäure gereinigt.

Untersuchung eines Tolubalsams nach E. Fourneau und M. Crespo (Alkoholyse) (83a). 250 g Tolubalsam werden mit 500 g 96proz. Weingeist, der 15 g gasförmigen Chlorwasserstoff enthält, 6 Stunden am Rückflußkühler erhitzt. Dann fügt man eine sehr konzentrierte Lösung von 20 g Soda hinzu mit der Vorsicht, daß die Flüssigkeit schwach sauer bleibt. Man leitet Wasserdampf ein, äthert das Destillat aus, trocknet die Flüssigkeit mit Calciumchlorid und destilliert den Äther ab. Der Rückstand wird bei 18 mm Druck destilliert. Es wurden 4 Fraktionen erhalten. Die erste Fraktion (unter 100°) enthielt Tolen und Benzoesäureäthylester, die zweite (100—104°) den letzteren, die dritte (104 bis 115°) eine Mischung von Zimtsäure- und Benzoesäureäthylester, die vierte (etwa 145°) Zimtsäureäthylester.

Es ist klar, daß mit keiner dieser Methoden die quantitative Zusammensetzung eines Harzes erfaßt wird.

Über andere Methoden s. Tschirch, A.: Harze und Harzbehälter. Gebr. Bornträger, Berlin 2. Aufl. 1906.

Über Untersuchung von Harzen durch Anwendung hoch überhitzten Wasserdampfes s. Wislicenus, H. Zeitschr. f. angew. Chem. **41**, 1500, 1927.

Gerbstoffe.

Die Reindarstellung von Gerbstoffen ist aus verschiedenen Gründen mit großen, teilweise noch nicht überwindbaren Schwierigkeiten verknüpft. Sie sind meistens amorph, von kolloider Beschaffenheit und geben keine krystallinischen Verbindungen. Ihre Lösungen besitzen vielfach die Eigenschaft, andere in dem reinen Lösungsmittel nicht lösliche Stoffe in Lösung zu halten. Umgekehrt wird die Löslichkeit der Gerbstoffe von anderen Stoffen beeinflußt. Dazu zählen besonders andere Gerbstoffe, so daß dann die Löslichkeitsverhältnisse der reinen Gerbstoffe ganz andere sind, als auf Grund ihres Verhaltens gegen Extraktionsmittel zu erwarten war. Nach K. Freudenberg (84) ist eine wässerige Gerbstofflösung die übersättigte Lösung einer in der Kälte schwer wasserlöslichen krystallinischen Substanz. Eine weitere Erschwerung wird dadurch bewirkt, daß viele Gerbstoffe sich unter verschiedenen physikalischen und chemischen Einwirkungen leicht zersetzen und daß die Zersetzungsprodukte dann häufig besonders schwer abzutrennen sind.

Manche Gerbstoffe, z. B. die Chinagerbsäure, sind sehr sauerstoffempfindlich und man muß deshalb bei ihrer Darstellung in O-freier Atmosphäre (N, CO_2) arbeiten.

Dazu kommt, daß sie meistens in den Pflanzen von Enzymen

begleitet sind, welche sie zersetzen. Es ist deshalb nötig, das Ausgangsmaterial dadurch zu sterilisieren, daß man es in kleinen Mengen in die siedenden Flüssigkeiten einträgt, mit denen man sie ausziehen will. Auch von Enzymen der Schimmelpilze und Bakterien werden die Gerbstoffe angegriffen. Es ist also nötig, aseptisch zu arbeiten oder die wässerigen Auszüge und Lösungen durch ein Antiseptikum (Toluol, Chloroform) zu schützen.

Außerdem findet sich in manchen Pflanzen mehr als ein Gerbstoff. Zur Trennung zweier Gerbstoffe voneinander fehlt es an allgemein anwendbaren Methoden.

Die gewöhnlich zur Extraktion der Gerbstoffe aus den Rohmaterialien benützten Lösungsmittel sind: Ätherweingeist, starker oder verdünnter Weingeist, Wasser, Essigäther und Methanol.

K. Feist und H. Bestehorn (85) extrahieren die Gerbstoffdroge zunächst nacheinander mit Benzol, Chloroform und Äther und ziehen dann den Gerbstoff mit einem Gemisch von Aceton und Weingeist aus.

Bei Anwendung von Ätherweingeist benützt man ein Gemenge von 4 Teilen Äther und einem Teile Weingeist. Den Auszug schüttelt man (am besten in einem Scheidetrichter) mit dem dritten Teil (des Volumens) Wasser aus. Das Wasser nimmt den größten Teil des Gerbstoffes auf. Man schüttelt die wässerige Lösung zur Reinigung einigemal mit Äther aus und dampft nun entweder zur Trockne ein oder reinigt die Flüssigkeit weiter. Das Eindampfen darf nur im Vakuum geschehen. Den gereinigten Gerbstoff dampft man auch im Vakuum nicht zur Trockne ein, sondern nur zur Extraktkonsistenz. Das Extrakt streicht man in dünner Schicht auf Platten auf und trocknet im Vakuum über Schwefelsäure zu Ende.

Hatte man zur Trockne gedampft, so löst man den Rückstand in wenig Weingeist oder Essigäther und fällt fraktioniert mit Äther Durch Wiederholung dieser Operation gelangt man hier und da zu reinem Gerbstoff. Eine weitere Reinigung des auf diese Weise dargestellten Gerbstoffs kann nach den unten beschriebenen Methoden erfolgen. Erwähnt sei, daß man Gerbstoff auch aus methanolischer Lösung durch Äther fällen kann. Dieselben Methoden, die man hier zur Weiterverarbeitung der aus dem Ätherweingeist gewonnenen wässerigen Lösung benützt, kann man auch bei der wässerigen Gerbstofflösung anwenden, die man durch Ausziehen des Rohmaterials mit Wasser erhält.

Weitere Reinigungsmethoden sind:

1. Die Fällung mit Kochsalz und nachfolgend Ausschüttelung mit Essigäther oder Aceton.

2. Die Fällung durch Verbindungen der Metalle und Wiedergewinnung des Gerbstoffs durch Zersetzung derselben.

Die Fällung mit Kochsalz usw. hat Löwe (86) empfohlen. Er löst den Gerbstoff in einer nicht völlig gesättigten Kochsalzlösung, filtriert von den abgeschiedenen Verunreinigungen ab und bringt dann durch Zusatz von Kochsalz die Gerbsäure zur Abscheidung. Die Operation wird wiederholt, die Gerbsäure zuletzt in einer Mischung von einem Volumen gesättigter Kochsalzlösung und zwei Volumina Wasser aufgelöst und daraus mit Essigäther ausgeschüttelt. Es ist übrigens nicht nötig, den Gerbstoff aus der wässerigen Lösung erst durch Abdampfen zu gewinnen, sondern man kann die fraktionierte Fällung mit Kochsalz unmittelbar in der wässerigen Lösung vornehmen. Es dürfte sich dabei folgende Modifikation des Verfahrens anwenden lassen. Man bringt aus der wässerigen Lösung einen kleinen Teil der Gerbsäure und etwaige Verunreinigungen durch unvollständigen Zusatz von Kochsalz zum Ausfällen, filtriert davon ab und schüttelt den Auszug mehrmals mit Äther aus. Die ätherische Flüssigkeit ist besonders auf Gallussäure und ähnliche Spaltungsprodukte von Gerbstoffen zu untersuchen, welche häufig neben den Gerbstoffen sich in den Auszügen vorfinden. Zur wässerigen Flüssigkeit gibt man Kochsalz bis zur Sättigung hinzu und schüttelt dann mit Essigäther aus. Das Eindampfen der Essigätherlösungen erfolgt unter den oben für die wässerige Lösung angegebenen Vorsichtsmaßregeln.

Die zur Fällung der Gerbstoffe seither meist verwendeten Schwermetallverbindungen waren neutrales oder basisch essigsaures Blei und Kupferacetat. Die Verwendung von Acetaten ist jedoch mit einigen Unannehmlichkeiten verknüpft. Die bei der Fällung frei werdende Essigsäure kann einen (wenn auch kleinen) Teil der Gerbstoff-Schwermetall-Verbindung in Lösung halten und auf den noch nicht zur Fällung gelangten Teil der Gerbsäure verändernd einwirken. Außerdem ist sie bei der weiteren Untersuchung meist hinderlich. Man kann deshalb an Stelle der Bleiacetate Bleihydroxyd oder frischgefälltes Bleicarbonat verwenden; doch greift ersteres die Gerbstoffe wegen seiner basischen Eigenschaften etwas an. Die besten Erfahrungen habe ich mit der Verwendung des Kupfercarbonats gemacht. Auch Kupferhydroxyd ist zur Fällung verwendbar; doch ist das Carbonat vorzuziehen, weil Kupferhydroxyd unlösliche Verbindungen mit einigen Substanzen bildet, welche durch das Carbonat nicht gefällt werden. Man kann sich zur Fällung des trockenen (käuflichen) Kupfercarbonats bedienen. Rascher und vollständiger wirkt das amorphe Carbonat, das man durch Fällung der kalten Lösung eines Kupfersalzes mit Alkalicarbonat erhält. Die Fällung mit Kupfercarbonat nimmt man ebenfalls fraktioniert vor, mindestens in 3 Fraktionen, und vergleicht die Eigenschaften der aus den einzelnen Fraktionen gewonnenen Gerbstoffe miteinander.

Die Niederschläge, die man durch Blei- oder Kupferverbindungen mit den Gerbstoffen erhalten hat, verteilt man nach dem Auswaschen fein in Wasser und zersetzt sie entweder mit Schwefelwasserstoff oder mit einer zur völligen Zersetzung nicht genügenden Menge verdünnter Salz- oder Schwefelsäure und schüttelt mit Essigäther aus.

K. Freudenberg und G. Uthemann verwenden zur Fällung von Gerbstoffen eine wässerige Lösung von Thalliumbicarbonat. Die Niederschläge werden in einem Gemisch von Aceton und Wasser[1] mit verdünnter Salzsäure zerlegt. Das Thalliumchlorid ist in diesem Gemisch unlöslich und kann abfiltriert werden.

In einzelnen Fällen werden sich zur Isolierung reiner Gerbstoffe die Verfahren anwenden lassen, die E. Fischer (91) zur Trennung von Gallusgerbsäure und Gallussäure anwandte.

1. Man rührt Gerbsäure mit gleichen Teilen Wasser an, überschichtet mit Essigäther und versetzt unter Umrühren mit soviel 2/n-Natronlauge, daß die Flüssigkeit gegen rotes Lackmuspapier eben deutlich alkalisch reagiert (die nötige Menge ermittelt man am besten mit einer kleinen Menge im Vorversuch). Die Lösung wird dann rasch wiederholt mit frisch destilliertem Essigäther ausgeschüttelt, die vereinigten, die Gerbsäure enthaltenden Auszüge 3—4 mal mit je 10 cm^3 Wasser gewaschen, dann unter vermindertem Druck bis zur Syrupkonsistenz eingedampft usw. (E. Fischer).

2. Eine auf 0° abgekühlte Lösung von Gerbsäure in 4 Teilen Wasser wird unter gutem Rühren mit so viel n-Kalilauge in dünnem Strahl versetzt, daß die Flüssigkeit eben blaues Lackmuspapier nicht mehr rötet. Der so entstehende Niederschag (Kaliumtannat) wird abgesaugt, abgepreßt, in ungefähr ebensoviel warmem Wasser gelöst, als die urprüngliche Menge der Gerbsäure betrug und dann durch Abkühlen auf 0° wieder zur Ausfällung gebracht. Der abermals filtrierte und abgepreßte Niederschlag wird im Scheidetrichter mit n-Schwefelsäure übergossen und mit Essigäther die Gerbsäure aufgenommen (Berzelius, E. Fischer).

Ellagsäure konnten Feist und Bestehorn (87) aus dem Rohgerbstoff des Eichenholzes teilweise dadurch abtrennen, daß sie aus dessen Lösung in heißem Pyridin die Ellagsäure auskrystallisieren ließen.

---

[1] Die Angabe von Freudenberg lautet wässeriges Aceton (1 : 2 Vol.); Freudenberg, K.: Die Chemie der natürlichen Gerbstoffe. S. 33

Zur Befreiung der Gerbstoffe von anorganischen Stoffen benutzt man am besten die Elektroosmose, zu der nebenstehend abgebildeter Apparat (Feist und Besthorn) dienen kann.

„Der eigentliche Dialysator ist ausgestaltet zu einem heberartig gekrümmten Rohr N, dessen Schenkel in die Elektrodenbecher A und K eintauchen und mit der Membran aus Pergamentpapier dicht überspannt sind. Am Scheitelpunkt des Hebers ist das Rohrstück R angeschmolzen, aus dem sich entwickelnde Gase entweichen können und das gleichzeitig zum Befestigen des Apparates im Stativ dient. Gefüllt wird der Heber durch das kathodenseitig eingeschmolzene und bis nahe über die Membran reichende, nach oben in einen Trichter erweiterte Rohr F. Durch das Überlaufrohr U, das in den anderen Schenkel eingeschmolzen ist und ebenfalls bis nahe über die Membran hinabreicht, kann die Lösung herausfließen. Die zu dialysierende Lösung tropft aus dem Vorratsgefäß unter gleichbleibendem Druck allmählich nach und nach vollendeter Reinigung aus dem Überlaufrohr entsprechend in das Sammelgefäß S. Durch Regulierung der Tropfgeschwindigkeit kann erreicht werden, daß jedes Flüssigkeitsteilchen mehrere Stunden im Dialysator unter dem Einfluß des elektrischen Potentiales weilt, das zwischen den Elektroden K und A herrscht. Die Strömung der Gerbstoffteilchen im Heber ist gleichgerichtet ihrer Wanderung im elektrischen Stromfelde, die der Ionen entgegengesetzt; sie werden von ihrer Eintrittsstelle am Fuße des Füllrohres unmittelbar mitgeführt durch die benachbarte Membran in die Kathodenflüssigkeit, die hin und wieder zu erneuern ist. Bei den Dimensionen des angewendeten Apparates — die Skizze gibt ein Achtel der natürlichen Größe wieder — wurde bei einer Tropfgeschwindigkeit von 26 Tropfen in der Minute (= 1 l in 12 Stunden) völlige Aschefreiheit erzielt."

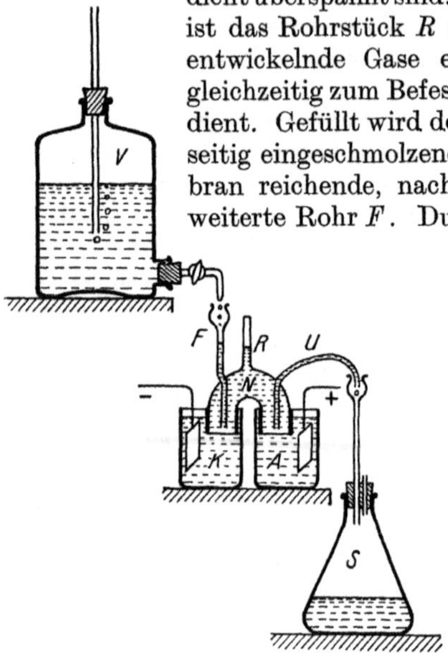

Abb. 4. Apparat zur Elektroosmose.

Eine Reinigung von Gerbstoffen gelingt manchmal dadurch, daß man sie in Derivate überführt. So gelang K. Feist und

H. Bestehorn (87) die Reinigung des Eichenholz-Gerbstoffs durch Methylierung, da der methylierte Gerbstoff sich in Aceton leicht, die methylierten Verunreinigungen sich darin schwer lösen. Über eine Trennung von Gerbstoffen und Anthocyanidinen s. S. 56.

Die Trennung zweier Gerbstoffe voneinander gelingt wohl selten durch fraktionierte Fällung[1], eher durch ihr verschiedenes Verhalten gegen Lösungsmittel, wie wenn z. B. der eine Gerbstoff aus weingeistiger Lösung durch Äther gefällt wird, der andere in der Mischung von Weingeist und Äther gelöst bleibt.

Der Nachweis zweier Gerbstoffe nebeneinander kann auch geliefert werden, selbst wenn eine Trennung derselben nicht gelingt, indem man den einen derselben zersetzt. Auf diese Weise hat Zölffel (88) den Nachweis geliefert, daß in den Früchten von Caesalpinia brevifolia und den Myrobalanen zwei Gerbstoffe enthalten sind, deren einen er durch Kochen mit verdünnter Schwefelsäure zersetzte. Die als Spaltungsprodukt gebildete Gallussäure wurde aus der filtrierten Flüssigkeit durch Ausschütteln mit Äther entfernt, die Schwefelsäure mit Baryt gefällt und der übrig gebliebene Gerbstoff nach der Bleiacetatmethode isoliert.

Ein als Gerbstoff anzusprechender Stoff soll etwa folgende Reaktionen geben:

1. Fällungen mit Gelatine und Alkaloiden.
2. Blaue oder grüne Färbung mit Ferrisalzen.
3. Mit Kaliumdichromat braune Färbung oder Fällung.
4. Farbenreaktionen geben u. a. noch Uranylacetat (rotbraun), Ammoniumvanadinat (blau oder grün), Ammonmolybdat (mit Gallussäure rot).

Phloroglucingerbstoffe geben Rötung mit Vanillinsalzsäure. Alle isolierten Gerbstoffe sind darauf zu prüfen, ob sie nicht durch Hydrolyse Zucker abspalten.

---

[1] Karrer, Salomon und Peyer (90) verwandten dazu frisch gefälltes Aluminium-Hydroxyd.

Das Aluminiumhydroxyd wird aus heißem reinem $Al_2(SO_4)_3 + 18 H_2O$ hergestellt: Zur 10proz. wässerigen Lösung dieses Salzes fügt man tropfenweise unter Rühren so viel Ammoniakflüssigkeit, daß die Reaktion eben nicht alkalisch wird (die dafür nötige Menge Ammoniak wird in einem besonderen Versuch ermittelt). Man filtriert das Aluminiumhydroxyd ab, wäscht es mit Wasser gut aus und verwendet es frisch.

Jeder Gerbstoff-Tonerde-Niederschlag wird mit der eben notwendigen Menge verdünnter Schwefelsäure in der Kälte zersetzt und der frei gemachte Gerbstoff wird wenn möglich ausgeschüttelt (Gallusgerbsäure durch Essigäther). Die den Gerbstoff enthaltenden Lösungen werden wiederholt mit Wasser gewaschen und mit entwässertem schwefelsauren Natrium getrocknet, worauf das Lösungsmittel im Vakuum verdampft wird.

Gerbstoffe, die analysiert werden sollen, müssen, wenn sie mit organischen Lösungsmitteln in Berührung waren, zu deren vollständiger Entfernung in Wasser gelöst und davon im Vakuum, zuletzt im Hochvakuum befreit werden (Freudenberg).

Die zur quantitativen Bestimmung von Gerbstoff ausgebildeten Verfahren beziehen sich meist nur auf Gallusgerbsäure und sind deshalb nicht allgemein verwendbar. Das gewichtsanalytische Verfahren von Schröder (89) kann bei allen Gerbstoffen angewendet werden.

Man zieht etwa 25 g des pulverisierten Pflanzenteils erst durch halbstündiges Kochen mit 500 g Wasser aus und erschöpft den Rückstand vollends in einem Perkolationsapparat, so daß 1 l Flüssigkeit resultiert.

„100 cm³ der Gerbstofflösung dampft man in einem Platinschälchen im Wasserbad zur Trockne ein, trocknet den Rückstand bei 100° C bis zum konstanten Gewicht und wägt: Gesamtmenge der löslichen Stoffe (G). — Hierauf äschert man diesen Verdampfungsrückstand ein und ermittelt die Aschenmenge (A). G-A ergibt dann die Menge der gelösten organischen Stoffe in 100 cm³ Gerbstofflösung (O). Hierauf digeriert man 200 cm³ der Gerbstofflösung 1 Stunde lang mit 10 g Hautpulver unter häufigem Umschwenken, preßt die Masse alsdann durch ein Leinenfilter ab und behandelt das Filtrat noch 24 Stunden lang mit 4 g Hautpulver[1]. Von der filtrierten Flüssigkeit werden hierauf 100 cm³ im Wasserbad verdampft, der Rückstand bei 100° C bis zum konstanten Gewicht getrocknet und gewogen. Alsdann äschert man denselben ein und zieht das Gewicht der Asche davon ab. Auf diese Weise ergibt sich die Menge der in 100 cm³ Gerbstofflösung enthaltenen Nichtgerbstoffe (N). Hiervon ist jedoch noch die geringe Menge der aus dem Hautpulver gelösten organischen Stoffe, die durch einen direkten, unter den gleichen Bedingungen auszuführenden Versuch zu ermitteln ist, in Abzug zu bringen. Die Menge des in 100 cm³ Gerbstofflösung enthaltenen wirklichen Gerbstoffs ergibt sich schließlich als O-N."

Man kann zur Gerbstoffbestimmung auch das Verfahren nach Löwenthal-von Schröder (93) benützen, wenn man vorher das Verhalten des reinen Gerbstoffs gegen Kaliumpermanganat unter den Bedingungen dieses Verfahrens ermittelt hat.

Hat sich der Gerbstoff als Gallusgerbsäure erwiesen, so kommt noch das Verfahren von Ruoß (93) in Betracht.

---

[1] Man überzeuge sich durch Prüfung der filtrierten Flüssigkeit mit einem Gerbstoffreagenz (s. S. 97), daß aller Gerbstoff ausgefällt ist; wenn nicht, gebe man noch Hautpulver hinzu.

Über den biologischen Nachweis und die Bewertung von Gerbstoffen (durch Agglutination von Blutkörperchen) s. Wasicky, R. Collegium 1916 Nr. 553; 1917 Nr. 572; Pharmaz. Post **50**, 785 1917; ferner Brandt, W. und Schlund, F., Pharmaz. Ztg. **69**, 597. 1924.

Über Gerbstoffbestimmung in Drogen s. a. Schulte, Pharmaz. Ztg. Bd. 67, S. 497. 1922.

Über eine Bestimmung von Gerbstoffen durch Fällung mit Titanchlorid und Zurückmessung des Überschusses durch Eisenalaun s. S. Krishna u. N. Ram, Ber. deutsch. chem. Gesellsch. **61**, 771, 1928.

Über die Trennung der Gerbstoffe von den Pflanzensäuren s. S. 101.

Phlobaphene.

In naher Beziehung zu den Gerbstoffen stehen die Phlobaphene, ihre Zersetzungsprodukte. Für sich allein sind sie in Wasser unlöslich, können aber bei gleichzeitiger Gegenwart anderer Körper besonders von Gerbstoffen in wässerige Lösung übergehen. Dampft man die wässerige Lösung zur Trockne (im Vakuum!) und nimmt mit absolutem Weingeist auf, so bleiben häufig die Phlobaphene ungelöst zurück. Durch Auflösen in Alkalien und Ausfällen mit Säuren können sie gereinigt werden. Man untersuche auch sie auf glucosidische Beschaffenheit.

Organische Säuren.

Die im Laufe der Voruntersuchung gefundenen Tatsachen müssen die Grundlagen auch zur Darstellung der organischen Säuren abgeben. Man wird in der Lage gewesen sein festzustellen, ob die Säuren frei oder gebunden vorhanden sind und ob sie im letzteren Falle als Alkalisalze oder als Salze von Erdalkalien vorkommen, weiterhin, ob sie in irgendeinem Stadium der Untersuchung leicht abzuscheiden sind, oder ob man sie besonders ausziehen muß. Letzteres wird hauptsächlich dann eintreten müssen, wenn die Säuren einen vorwiegenden und charakteristischen Bestandteil der Droge darstellen.

Die meisten Säuren gehen in Lösung, wenn man die Droge mit salzsäurehaltigem Wasser oder ebenso angesäuertem Weingeist auskocht. Für die weitere Untersuchung (besonders auf bereits bekannte Säuren) führt man durch Neutralisation mit Natriumcarbonat die Säuren in ihre Natronsalze über, nachdem man evtl. den Weingeist durch Abdampfen vertrieben hat. Tritt auf Zusatz von Natriumcarbonat zu der wässerigen Lösung ein Niederschlag ein (z. B. von Calciumcarbonat), so kocht man eine Viertelstunde (bei größeren Mengen länger) mit der überschüssigen Sodalösung und neutralisiert dann mit Essigsäure. Aus dieser Lösung werden durch Bleiacetat viele organische Säuren niedergeschlagen und können durch Zersetzung der Bleiverbindungen mit Schwefelwasserstoff gewonnen werden. Für die Trennung der häufiger vorkommenden organischen Säuren sind verschiedene Methoden ausgearbeitet worden, die meist auf dem Verhalten der Säuren gegen Blei-, Kalk- oder Barytsalze beruhen. Hat man nach obigem Verfahren eine wässerige Lösung der neutralen Alkalisalze, so fällt man[1] nach E. Fleischer (94) zur Abscheidung von Weinsäure, Citronensäure, Äpfelsäure und Oxalsäure zunächst mit Bleiacetat. Der Niederschlag, der außer den Bleisalzen der genannten organischen Säuren Bleisalze der Schwefelsäure, Salzsäure und Phosphorsäure enthalten kann, wird mit 50proz. Weingeist ausgewaschen[2] und dann mit Ammoniak übergossen. Das Filtrat enthält von den genannten organischen Säuren die Weinsäure, Citronensäure und Äpfelsäure. Man setzt Schwefelammonium hinzu und säuert mit Essigsäure an. In der vom Schwefelblei abgetrennten Flüssigkeit finden sich die freien Säuren. Man konzentriert die Flüssigkeit, wenn nötig, setzt eine genügende Menge essigsauren Kaliums (in wässeriger Lösung) hinzu und bringt durch Zusatz von 95proz. Weingeist (die doppelte Menge der wässerigen Lösung) die Weinsäure als Weinstein zur Abscheidung, was durch starkes Umrühren beschleunigt wird. Nach 1 Stunde gießt man die Flüssigkeit ab und wäscht den zurückbleibenden Weinstein mit einer Mischung von 2 Teilen Weingeist und 1 Teil Wasser. Fügt man zu der vom Weinstein abfiltrierten Flüssigkeit Chlorcalcium, Ammoniak und etwas Weingeist, so fallen die Kalksalze der Äpfelsäure und Citronensäure aus. Durch Auswaschen mit heißem Kalkwasser trennt man das äpfelsaure Calcium von dem citronensauren, das ungelöst zurückbleibt.

Den in Ammoniak nicht löslichen Teil des Bleiniederschlages zersetzt man mit Schwefelwasserstoff. Zu den freien Säuren gibt man eine genügende Menge essigsauren Natrons oder man neutralisiert mit kohlensaurem Natron und säuert mit Essigsäure an. Dann fällt man die Oxalsäure mit gesättigter Calciumsulfatlösung als oxalsaures Calcium.

---

[1] Hat man mit Wasser ausgezogen, so schlägt man bei Anwesenheit schleimiger Substanzen diese erst durch Zufügung eines der Flüssigkeit gleichen Volumens Weingeist nieder.

[2] Einzelne Bleisalze von Pflanzensäuren sind nach F. Auerbach und H. Weber (95) in 50%igem Weingeist nicht unerheblich löslich. In 1 l 50%igem Weingeist lösen sich vom Citrat 14 mg, Succinat 17 mg, Malat 26 mg, Benzoat 1,892 g. Das Tartrat ist unlöslich und kann mit 50%igem Weingeist von den anderen genannten Bleisalzen befreit werden.

Aus allen Niederschlägen stellt man sich die freien Säuren her und untersucht diese auf das genaueste nicht nur durch die Identitätsreaktionen, sondern möglichst auch durch Elementaranalyse und Molekulargewichtsbestimmungen, da es nur auf diese Weise möglich ist, evtl. vorhandene neue, die gleichen Fällungsreaktionen wie die bekannten Säuren gebende organische Säuren in Gegenwart der anderen nachzuweisen. Zur Isolierung der organischen Säuren aus ihren Salzen behandelt man die Bleisalze mit Schwefelwasserstoff, die übrigen mit verdünnter Schwefelsäure oder man führt sie ebenfalls erst in Bleisalze über. So kann man den Weinstein in heißem Wasser lösen, die Weinsäure wieder mit Bleiacetat ausfällen usw.

Schlägt man das Fleischersche Verfahren ein, so sind Gerbstoffe, die ja gleichfalls Niederschläge mit Bleiacetat geben, vor der Bleiacetatfällung zu entfernen. Dies kann durch Ausschütteln der Lösung mit Essigäther und durch Behandlung mit Hautpulver, Eiweiß oder Leimlösung erfolgen. Ebenso können sie durch Fällen mit Alkaloiden oder Antipyrin entfernt werden. Durch Ausschütteln mit Essigäther läßt sich auch Gallussäure, die als Spaltungsprodukt von Gerbstoffen vorkommen kann (besonders nach der Behandlung mit Säuren) entfernen.

Zur Entfernung von Gerbstoffen und vielen anderen störenden Stoffen kann man auch die „gewachsene Tonerde" von H. Wislicenus (zu beziehen von E. Merck-Darmstadt) benützen.

Zur Isolierung von Bernsteinsäure kann man unter Benutzung eines für Bestimmung der Bernsteinsäure in Wein ausgearbeiteten Verfahrens von v. d. Heide und Steiner (96) in folgender Weise vorgehen: 50 cm^3 weingeistfreie Flüssigkeit werden mit 1 cm^3 10proz. Bariumchloridlösung und nach Zusatz von 1 Tropfen weingeistiger Phenolphthaleinlösung mit feingepulvertem Bariumhydroxyd in kleinen Anteilen bis zur Rotfärbung versetzt. Währenddem engt man möglichst genau auf 20 cm^3 ein. Nach dem Erkalten werden unter eifrigem Umrühren 85 cm^3 96proz. Weingeist zugegeben. Hierdurch werden neben anderen Bestandteilen die Bariumsalze der Bernstein-, Wein- und Äpfelsäure niedergeschlagen, während die der Milchsäure und Essigsäure in Lösung bleiben. Nach mindestens 2stündigem Stehen wird der Niederschlag abfiltriert und einige Male mit 80proz. Weingeist ausgewaschen. Der Niederschlag wird mit heißem Wasser in die Abdampfschale zurückgebracht. Der Schaleninhalt wird zur vollständigen Entfernung des Weingeistes auf dem siedenden Wasserbad eingeengt und alsdann unter gleichzeitigem weiteren Erhitzen mit je 3—5 cm^3 5proz. Kaliumpermanganatlösung so lange versetzt, bis die rote Farbe 5 Minuten bestehen bleibt. Man gibt jetzt nochmals 5 cm^3 der Kaliumpermanganatlösung hinzu und läßt weitere 15 Minuten einwirken. Bei einem etwaigen abermaligen Verschwinden der Rotfärbung ist diese letztere Operation zu wiederholen. Ist die Oxydation beendigt, so zerstört man den Überschuß an Permanganat durch schweflige Säure. Nach dem Verschwinden der Rotfärbung säuert man vorsichtig mit 25proz. Schwefelsäure an und fährt dann fort, schweflige Säure zuzusetzen, bis auch der Braunstein gelöst ist. Man dampft dann auf 30 cm^3 ein, sorgt durch Zusatz von 40proz. Schwefelsäure dafür, daß die Flüssigkeit etwa 10% freie Schwefelsäure enthält und äthert aus, am besten in einem Perforationsapparat. In den Äther geht jetzt nur die Bernsteinsäure — Wein- und Äpfelsäure werden durch die Behandlung mit Permanganat zerstört — und kann durch Verdunsten des Äthers gewonnen werden.

Unter den Identitätsreaktionen, welche man mit den isolierten Säuren oder ihren durch Neutralisation mit Alkalicarbonat herzustellenden neutralen Alkalisalzen anstellen kann, seien folgende hervorgehoben:

1. Auf Citronensäure.

a) Mit Kalkwasser gibt sie erst beim Erhitzen eine Fällung, die sich beim Erkalten wieder löst, wenn man nicht zu lange erhitzt hatte.

b) Man löst eine kleine Menge der Säure in wenig Wasser, gibt einige Tropfen $^{n}/_{10}$-Permanganatlösung hinzu und erwärmt vorsichtig (auf etwa 30°). Hat sich die Flüssigkeit braun gefärbt oder hat sich ein Niederschlag von Mangansuperoxydhydrat gebildet, so fügt man einige Tropfen Ammoniumoxalatlösung und dann ca. 10 cm^3 10proz. Schwefelsäure hinzu. Gibt man zu der jetzt entfärbten klaren Flüssigkeit einige Tropfen Bromwasser, so tritt bei Gegenwart von Citronensäure eine Trübung von Pentabromaceton auf (Stahres Reaktion [97]).

c) Versetzt man die Lösung der Säure mit ca. $^{1}/_{20}$ Volumen einer Lösung von schwefelsaurem Quecksilberoxyd[1], erhitzt zum Sieden und fügt dann einige Tropfen $^{n}/_{10}$-Permanganatlösung zu, so tritt ebenfalls bei Gegenwart von Citronensäure (aber auch von Ketonsäuren) eine weiße Fällung ein (Reaktion von Denigès [98]).

Mikrochemie: 1. In ein Uhrglas bringt man $^{1}/_{10}$ mg Citronensäure und 2 mg Vanillin. Dann fügt man ohne zu mischen, einen Mikrotropfen konzentrierter Schwefelsäure hizu. Nun setzt man das Uhrglas für 10 Minuten auf ein Becherglas mit kochendem Wasser. Nach 3 Minuten ist das Gemisch teilweise braunviolett,

[1] Man löst 5 g Quecksilberoxyd in 20 cm^3 konzentrierter Schwefelsäure und verdünnt mit 100 cm^3 Wasser.

nach 10 Minuten zeigt es, gegen das Licht gehalten, einen violetten Farbton. Läßt man nun erkalten und setzt 3 Mikrotropfen Wasser hinzu, so verwandelt sich die Farbe in Grün. Fügt man jetzt 7 Mikrotropfen Ammoniak hinzu, so entsteht ein Rostrot (99).

2. S. S. 108.

2. Auf Weinsäure.

a) Der in der Lösung des neutralen Salzes mit Silbernitrat entstehende Niederschlag schwärzt sich beim Erhitzen.

b) Setzt man Weinsäure zu einem vorher (auf 125—130°) erhitzten Gemisch von Resorcin und konzentrierter Schwefelsäure, so tritt eine rötliche Färbung ein (Reaktion von Mohler [100]).

c) Erhitzt man die Lösung eines neutralen Tartrats und läßt Ferrichloridlösung zutröpfeln, so tritt ein gelber Niederschlag auf (101).

Mikrochemie: 1. 1 Mikrotropfen konzentrierter Schwefelsäure wird mit einem Resorcinkrystall von der Größe eines halben Stecknadelkopfes ($^1/_4$ mg) auf dem Tiegeldeckel erhitzt, bis das Resorcin den Tropfen rötlich oder bläulich färbt. Dann wird ein Stäubchen Weinsäure oder Tartrat hineingegeben. Mäßiges Erhitzen in der Mikroflamme ergibt ein tiefes Violett (99, 100).

2. S. S. 108.

3. Auf Äpfelsäure.

a) Gibt man zur ihrer Lösung den zehnten Teil einer 5proz. Quecksilberacetatlösung und 1 cm³ Essigsäure, filtriert, erhitzt zum Sieden und läßt dann tropfenweise eine 2proz. Kaliumpermanganatlösung zufließen, so entsteht ein weißer Niederschlag, die Quecksilberverbindung der Oxalessigsäure (Reaktion von Denigès [102]).

b) Palladiumchlorid wird reduziert (103), wenn man es mit der neutralen oder schwachalkalischen Lösung eines äpfelsauren Salzes zum Sieden erhitzt.

c) Beim Erhitzen der Äpfelsäure auf 150—200° geht sie in Fumar- und Maleinsäure über. Die Krystalle der Fumarsäure sind durch ihre Schwerlöslichkeit in Wasser ausgezeichnet.

Mikrochemie: 1. Man löst 50 mg Diazobenzol-Sulfosäure in 1 cm³ 40proz. Kalilauge. Von dieser frischen Lösung bringt man 1 Mikrotropfen auf einen Tiegeldeckel und läßt ein Körnchen Äpfelsäure hineinfallen. Dann umgibt sich das Körnchen mit einem charakteristischen schmalen, rotbraunen Ring (104).

2. S. S. 108.

4. Auf Oxalsäure.

a) Sie und ihre neutralen Salze geben mit Ferrosulfat einen Niederschlag von Ferrooxalat.

b) Ferrichlorid gibt mit überschüssiger Oxalsäure eine grüne Färbung.

c) Mit konzentrierter Schwefelsäure erhitzt zerfällt Oxalsäure ohne Verkohlung (Schwärzung) in Kohlenoxyd, Kohlendioxyd und Wasser.

d) Oxalate geben mit Chlorcalcium einen in Essigsäure unlöslichen Niederschlag von Calciumoxalat.

Mikrochemie: 1. 1 mg Oxalsäure oder 10 mg Oxalat und 2 mg Resorcin werden auf dem Tiegeldeckel über der Mikroflamme vorsichtig und sorgfältig zusammengeschmolzen. Nach dem Abkühlen läßt man 1 Mikrotropfen konzentrierter Schwefelsäure von der Seite her zufließen. Bei mehrfachem, jeweils 20 Sekunden unterbrochenem, vorsichtigem je 3 Sekunden langem Erwärmen entsteht ein Dunkelblau, dann ein Grün. Beim Abkühlen wird der Fleck gelblich, beim Erwärmen kehrt das Grün verstärkt zurück (105).

2. S. S. 108.

5. Auf Bernsteinsäure:

Die Bernsteinsäure schmilzt bei 185° und sublimiert leicht.

a) Die Succinate geben mit Ferrisalzen einen braunen Niederschlag, mit Chlorcalcium nur in konzentrierter Lösung, mit Bariumhydroxyd und Bariumchlorid auch in verdünnter.

b) Bernsteinsaures Ammonium (aus Bernsteinsäure und Ammoniak durch Eindampfen zur Trockne) gibt erhitzt Dämpfe von Pyrrol, welche ein mit starker Salzsäure befeuchtetes Streichholz rot färben.

Mikrochemie. 1. Bringt man in die Lösung ein Körnchen Bleiacetat, so bilden sich nach einiger Zeit Rauten auch Wetzsteine und Drusen (106).

2. Beim Umkrystallisieren aus Safraninlösung erhält man Krystalle von farblos-violettem Pleochroismus (107).

Nachweis der Chlorogensäure (108).

Die Pflanzen oder Pflanzenteile werden mit der 5—10fachen Menge 10proz. Schwefelsäure mindestens 1 Stunde lang gekocht. Die Lösung wird filtriert und nach dem Erkalten zweimal mit dem gleichen Volum Äther ausgeschüttelt. Die vereinigten ätherischen Lösungen werden mit $^1/_4$ ihres Volumens Wasser geschüttelt. Dann destilliert man den Äther ab und stellt mit dem Rückstand folgende Reaktionen an:

1. Ein wenig des Rückstandes wird in sehr viel Wasser gelöst, so daß man etwa eine Lösung 1 : 50000 erhält. Zu einem Teil der Lösung setzt man 2 Tropfen verdünnte Ferrichloridlösung (1 Teil

offizinelle Ferrichloridlösung + 99 Teile Wasser), und dann 2 bis 3 Tropfen 1proz. Sodalösung (Überschuß vermeiden!). Es entsteht eine bleibende Blaufärbung.

2. Fügt man zu einem anderen Teil der Lösung 1 : 50000 einige Tropfen 10proz. Natronlauge, so tritt allmählich eine Rosafärbung auf, die nach 1—2 Minuten ihr Maximum erreicht und dann durch Ansäuern gelb wird. In weniger stark verdünnten Lösungen tritt statt der Rosafärbung eine Dunkelrotfärbung ein.

Diese Reaktionen rühren von Zersetzungsprodukten der Kaffeesäure[1] her. Den

Nachweis der Kaffeesäure

kann man in folgender Weise vornehmen:

Die getrocknete gepulverte Pflanze wird mit der zehnfachen Menge 80proz. Weingeist ausgekocht. Man filtriert heiß, destilliert den Weingeist ab, nimmt den Rückstand mit ebensoviel kochendem Wasser auf, als man Pflanzenmaterial angewandt hatte und schüttelt die noch warme Flüssigkeit 2mal mit ihrem gleichen Volumen Äther aus. Die abgetrennte wässerige Flüssigkeit wird mit 5—10 Teilen Wasser verdünnt, wenn nötig filtriert und mit Bleiacetat gefällt. Der Bleiniederschlag wird abfiltriert und gewaschen und dann mit 10proz. kalter Schwefelsäure zersetzt. Das Filtrat, das jetzt unreine Chlorogensäure enthält, wird mit so viel 50proz. Kalilauge versetzt, daß die Flüssigkeit 10% freies Ätzkali enthält. Man kocht $^1/_2$ Stunde, fügt zu der noch heißen Flüssigkeit vorsichtig 33proz. Schwefelsäure bis zur eben saueren Reaktion und schüttelt diese erkaltete, aber noch lauwarme Flüssigkeit zweimal mit dem gleichen Volumen Äther aus. Der Äther wird abdestilliert und der Rückstand mit der dreißigfachen Menge kochenden Wassers aufgenommen. Nach Zusatz von ein wenig Tierkohle wird filtriert, worauf sich die Kaffeesäure krystallinisch ausscheidet. Sie kann durch Umkrystallisieren aus Wasser gereinigt werden. Sie schmilzt bei 209^0. Die wässerige Lösung wird mit Ferrichlorid grün; setzt man dazu Soda, so entsteht erst eine blaue, dann eine rotviolette Färbung.

Nachweis der Aconitsäure (109).

Man zieht das Material einige Tage kalt mit Wasser aus und fällt mit Bleiessig; man behandelt den Niederschlag mit Schwefel-

[1] Chlorogensäure zerfällt durch Hydrolyse in Kaffeesäure und Chinasäure.

wasserstoff und wiederholt nach dessen Vertreibung die Bleibehandlung. Die dann erhaltene Lösung wird konzentriert, die konzentrierte Lösung ausgeäthert. Der nach dem Verdunsten des Äthers bleibende Rückstand wird mit möglichst wenig heißem Aceton aufgenommen; die Lösung wird mit einem Überschuß von wasserfreiem Chloroform versetzt. Die Aconitsäure scheidet sich beim Abkühlen ab und wird aus absolutem Alkohol umkrystallisiert. Smp. 191.

Aconitsäure gibt mit Essigsäureanhydrid eine rote Färbung, die schnell tiefer und dann fuchsinrot wird; erhitzt blaugrün, schließlich blau. Schüttelt man die fuchsinfarbene Lösung nach Zusatz von Wasser mit Äther, so wird die ätherische Schicht blau.

Nachweis und Trennung von Pflanzensäuren nach H. Franzen und Mitarbeitern (110).

Die Auszüge oder Säfte werden zunächst mit Bleiacetatlösung und dann mit basischer Bleiacetatlösung gefällt. Die Niederschläge werden nach dem Abhebern der Flüssigkeit scharf abgesaugt und möglichst zusammengepreßt. Die Bleiniederschläge werden — hauptsächlich zur Entfernung von Zuckern und Inosit — möglichst fein in Wasser verteilt und bis zur Sättigung unter kräftigem Umschütteln mit Kohlendioxyd behandelt[1]. Das Verfahren wird wiederholt und die Filtrate mit dem ursprünglichen Filtrat vereinigt. Die Bleiniederschläge werden dann wieder in Wasser aufgeschlämmt und mit Schwefelwasserstoff zersetzt. Die so erhaltene Lösung der Säuren wird im Vakuum zu einem dicken Sirup eingedampft und dieser zur Ausfällung der Pektinstoffe mit absolutem Weingeist versetzt. Das Filtrat wird wiederum zum dicken Syrup eingedampft und nochmals mit absolutem Weingeist behandelt. Fallen bei Wiederholung dieser Operation keine Pektinstoffe mehr aus, so setzt man zur weingeistigen Lösung so viel kaltgesättigte alkoholische Salzsäure, daß die Gesamtflüssigkeit 2,5% Chlorwasserstoff enthält, und erhitzt 5 Stunden zum Sieden. Die Esterlösung wird im Vakuum zur Syrupsdicke eingedampft und der Rückstand mit Äther durchgeschüttelt. Die ätherische Lösung der Ester wird mit Pottaschelösung gewaschen und über entwässertem Natriumsulfat getrocknet. Der Äther wird abdestilliert und der Rückstand im Vakuum der gebrochenen Destillation unterworfen.

---

[1] Über eine dazu geeignete Schüttelmaschine s. H. Franzen: Zeitschr. f. physiol. Chemie Bd. 122, S. 86 (1922).

Siedepunkte der in Betracht kommenden Äthylester:

Oxalsäurediäthylester:	74° (11 mm);	78°	(15 mm);
Bernsteinsäurediäthylester:	96° (10 mm);	104—105°	(15 mm);
Äpfelsäurediäthylester:	129,2—129,6° (12 mm);		
Weinsäurediäthylester:	148° (9 mm);	150° (11 mm);	
Citronensäuretriäthylester:	169—170° (10 mm).		

Die Ester werden dann auf folgende Weise in die Hydrazide und dann in die Benzylidenverbindungen übergeführt:

„Eine bestimmte Menge Ester wird in dem dreifachen Volumen Alkohol gelöst und etwas mehr als die dem vermuteten Ester entsprechende Menge Hydrazinhydrat hinzugefügt. Die Mischung wird 24 Stunden bei Zimmertemperatur stehen gelassen und entstandene Krystallabscheidungen abgesaugt. Das Filtrat wird dann 2 Stunden zum Sieden erhitzt, 12 Stunden bei Zimmertemperatur gehalten und die eventuell abgeschiedenen Krystalle abgesaugt. Das Filtrat wird auf dem Wasserbade zur Trockne eingedampft, der Rückstand in Wasser aufgenommen, die Lösung mit einigen Tropfen verdünnter Salzsäure angesäuert und so lange in kleinen Mengen unter kräftigem Umschütteln Benzaldehyd hinzugefügt, bis sein Geruch bestehen bleibt. Die Benzylidenverbindung wird abgesaugt, getrocknet und zur Entfernung von Benzaldazin mit Äther behandelt und weiter gereinigt." Auf dieselbe Weise stellt man auch aus der wässerigen Lösung der Hydrazide die Benzylidenverbindungen her.

Für Oxalsäuredihydrazid ist es charakteristisch, daß es auch aus verdünnter Lösung noch rasch (in 1—2 Minuten) ausfällt.

	Schmelzpunkte der Hydrazide:	Schmelzpunkte der Benzylidenverbindungen:
Oxalsäuredihydrazid:	243—244; (Feine Blättchen);	
Bernsteinsäuredihydrazid:	167—168°; (Lange, flache Nadeln);	233—234°;
Äpfelsäuredihydrazid:	177—178°; (Wärzchen);	164°
Weinsäuredihydrazid:	183°; (Nadeln);	
Citronensäuretrihydrazid:	106—107°;	227°

Trennungen: 1. Oxalsäuredihydrazid von Bernsteinsäuredihydrazid. Man kocht mit einer zur Lösung des Bernsteinsäuredihydrazids ausreichenden Menge Weingeist[1] und filtriert heiß; das Oxalsäuredihydrazid bleibt ungelöst;

2. Trennung des Äpfelsäuredihydrazids vom Bernsteinsäuredihydrazid. Man kocht mit einer zur Lösung des Bernsteinsäuredihydrazids genügenden Menge Weingeist[1]; das

[1] 1 g Bernsteinsäuredihydrazid löst sich in 63 cm^3 siedendem Weingeist.

Ungelöste ist die Äpfelsäureverbindung[1]. Oder man kocht die Benzylidenverbindungen mit Weingeist aus; die Äpfelsäureverbindung geht in Lösung.

3. Citronensäuretrihydrazid vom Äpfelsäuredihydrazid. Man kocht mit Weingeist aus, in welchem sich das Citronensäuretrihydrazid löst.

Das Filtrat von den Bleiniederschlägen wird zusammen mit den durch Behandlung mit Kohlensäure erhaltenen Flüssigkeiten mit Schwefelwasserstoff behandelt, das Filtrat konzentriert, mit Schwefelsäure angesäuert und ausgeäthert. Aus der nach dem Verdunsten des Äthers zurückbleibenden Masse kann sich noch Bernsteinsäure ausscheiden. Man saugt ab, verdünnt das Filtrat mit Wasser, schüttelt trübende Stoffe mit Benzol aus, dampft die wässerige Flüssigkeit zum Sirup ein und verestert, wie oben geschildert. In den ersten Fraktionen findet sich Milchsäureester (Siedepunkt 49—51° bei 10 mm Druck), die übrigen enthalten wieder dieselben Säuren, die auch durch Aufarbeitung des Bleiniederschlags gewonnen werden. Das Benzylidenmilchsäurehydrazid (feine farblose Nädelchen, Schmelzpunkt 158—159°) läßt sich von der Bernsteinsäureverbindung durch heißes Methanol trennen, in dem die Milchsäureverbindung sehr leicht, die Bernsteinsäureverbindung sehr schwer löslich ist. Man kann auch schon die Hydrazide durch Weingeist trennen, in dem das Milchsäurehydrazid sehr leicht löslich ist.

Mikrochemischer Nachweis freier und gebundener Pflanzensäuren nach G. Klein und O. Werner (106).

0,5—5 mg Gewebe werden in einem Kupferschälchen mit 0,2—2 mg konzentrierter Phosphorsäure versetzt, mit Nadeln fein zerzupft, bei 60—70° 15 Minuten getrocknet und dann der fraktionierten Sublimation im Vakuum unterworfen, wozu ein besonderer Apparat dient.

1. Die Fraktion bei 110°. Oxalsäure. Die Sublimate bestehen in der Regel zuerst aus längeren Prismen, welche bald in kleinere Kryställchen zerfallen. Der Nachweis erfolgt als Strontiumsalz oder bei geringen Mengen als Calciumsalz.

2. Fraktion bei 130°. Bernsteinsäure. Die Sublimate bestehen aus kleinen Kryställchen, die am besten als Bleisalz nachgewiesen werden.

3. Fraktion bei 145°. Anhydride der Äpfelsäure. Man erhält zunächst ein amorphes Sublimat, das beim Liegen an der Luft nach

[1] 1 g Äpfelsäuredihydrazid löst sich in ungefähr 800 cm^3 siedendem Weingeist.

einiger Zeit zerfließliche Nädelchen von Äpfelsäure bildet. Man weist sie als Silbersalz nach. Das Sublimat wird mit einem Tropfen 1—5 proz. Silbernitratlösung versetzt und in einen auf 40° erhitzten Wärmeschrank gebracht, in dem sich eine flache Schale mit 5 proz. Ammoniaklösung befindet. Nach 10—20 Minuten entstehen Kügelchen, Scheibchen, eventuell Rosetten von vier- und achteckigem Umriß, seltener auch Nädelchen. Auskrystallisiertes Silbernitrat kann durch Anhauchen in Lösung gebracht werden.

4. Fraktion bei 170°. Anhydride der Citronensäure. Es entsteht ein amorpher Beschlag, den man nach dem bei der Äpfelsäure beschriebenen Verfahren in das Silbersalz überführt: Sphärite aus feinen Nadeln.

5. Fraktion bei 195°. Anhydride der Weinsäure. Es entsteht ein amorphes Sublimat, aus dem beim Liegen an der Luft allmählich Weinsäure in Wetzsteinformen oder Zerrformen auskrystallisiert. Man stellt aus ihnen durch eine Ammoniakatmosphäre bei 40° (s. oben) Ammoniumtartrat (Wetzsteinformen) her und aus diesem mit Silbernitrat und Essigsäure das Silberbitartrat, das größtenteils in knieförmigen Zwillingen auskrystallisiert.

Die quantitative Bestimmung der organischen Säuren kann nach dem Fleischerschen Verfahren (s. S. 100) erfolgen. Die Menge des abgeschiedenen Weinsteins kann durch Titration mit Normalalkali bestimmt werden. Das citronensaure Calcium wird durch Auflösen in Essigsäure und Fällen mit Bleiacetat in das Bleisalz übergeführt, dieses mit 50 proz. Weingeist ausgewaschen, in Wasser zerteilt und mit Schwefelwasserstoff zersetzt. Die freigemachte Citronensäure wird nach der Vertreibung des Schwefelwasserstoffs ebenfalls titriert.

Zur Bestimmung der Oxalsäure läßt Fleischer den in Ammoniak unlöslichen Teil des Bleiniederschlages mit Ätzkali übergießen, dann Schwefelammonium hinzufügen und nach Ansäuerung mit Essigsäure aufkochen und filtrieren. Das Filtrat wird mit Schwefelsäure versetzt und mit Kaliumpermanganat titriert. Auf die schon oben erwähnte Reduktion des Palladiumchlorids durch Äpfelsäure hat A. Hilger (103) eine Bestimmungsmethode ausgearbeitet. 1 g Äpfelsäure reduziert aus Palladiumchlorid 0,294 g Pd.

Zur Bestimmung von Bernsteinsäure verwendet man das Verfahren von v. d. Heide und Steiner (s. S. 101) und äthert die zuletzt erhaltene wässerige Flüssigkeit im Perforator 12 Stunden aus. Der Kolbeninhalt wird mit Hilfe von etwa 20 cm³ Wasser in ein Becherglas übergeführt und der Äther durch Stehenlassen an einem warmen Orte verdunstet. Man neutralisiert hierauf unter

Verwendung von Phenolphthalein mit einer völlig halogenfreien $^{n}/_{10}$-Lauge, führt den Inhalt des Becherglases in ein 100 cm³ Meßkölbchen über, versetzt mit einem Überschuß von $^{n}/_{10}$-Silbernitratlösung und füllt unter tüchtigem Umschütteln bis zur Marke auf. Man filtriert und titriert 50 cm³ des Filtrates in üblicher Weise mit $^{n}/_{10}$-Rhodanammon. 1 cm³ $^{n}/_{10}$-Silbernitrat = 0,0059 g Bernsteinsäure.

Über die Bestimmungen von Weinsäure neben anderen organischen Säuren s. Bernhauer, E.: Oesterr. Chem. Ztg. **31**, 4; Chem. Centralbl. 1928, I, 1211.

Über die Bestimmung der Citronensäure s. G. Jörgensen, Zeitschr. Unterschg. d. Nahrgs.- u. Genußm. **13**, 241, 1907.

Kohlenhydrate und verwandte Stoffe[1].

Die große Gruppe der in diesem Kapitel zu behandelnden Stoffe läßt sich hinsichtlich ihres Verhaltens zu Lösungsmitteln in mehrere Abteilungen gliedern. Es sollen jedoch hier nur solche Stoffe erwähnt werden, deren Verbreitung im Pflanzenreich nicht auf wenige Pflanzen beschränkt ist.

I. In kaltem Wasser leicht löslich, löslich in heißem Weingeist: Glucose, Fructose, Rohrzucker, Maltose, Mannit, Inosit (Galaktose, Mannose, Arabinose, Xylose).

II. In kaltem Wasser leicht löslich, in Weingeist unlöslich: Gummi und ähnliche Substanzen.

III. In kaltem Wasser schwer löslich, in heißem leichter löslich, in Weingeist unlöslich: Pflanzenschleime, Pektinkörper, Lichenin, Bassorin, Glykogen, Inulin, Stärke, Xylan, Amyloid.

IV. In kaltem und heißem Wasser unlöslich, löslich in verdünnten Alkalien: Schwer lösliche Modifikationen des Gummi, Galaktoaraban, Mannan, Pentosane, Hemicellulosen.

V. In den erwähnten Lösungsmitteln unlöslich: Cellulose, Lignin[2].

I. Von den Zuckerarten Glucose, Fructose, Rohrzucker und Maltose unterscheiden sich Inosit und Mannit schon dadurch, daß sie in Wasser schwerer löslich sind als jene. Der im Pflanzenreich weniger häufig vorkommende Inosit kann durch Bleiessig, mit dem er einen Niederschlag gibt, von den andern getrennt werden. Mannit läßt sich aus einer Mischung mit den genannten Zuckerarten durch Krystallisieren aus heißem Wasser oder Weingeist isolieren.

---

[1] Allgemeine Reaktionen der Kohlenhydrate s. S. 20.

[2] Ein kleiner Teil der sog. Ligninsubstanz kann in Natronlauge löslich sein.

Diese Kohlenhydrate können aus den vorher mit Äther oder Petroläther behandelten Pflanzenteilen durch kaltes Wasser oder heißen verdünnten (ca. 50proz.) Weingeist ausgezogen werden, wobei man, um Spaltungen zu vermeiden, für neutrale Reaktion der Flüssigkeit durch Zusatz von Calciumcarbonat zu sorgen hat. Die konzentrierten (vom Weingeist durch Abdampfen befreiten) Flüssigkeiten reinigt man durch Fällen mit Bleiacetat, dampft nach der Entbleiung durch Schwefelwasserstoff[1] und der bei Anwesenheit von Disacchariden nötigen Neutralisation der freigewordenen Essigsäure zur Trockne ein und extrahiert den Rückstand mit siedendem Äthyl- oder Methylalkohol. Aus den erkaltenden Alkoholen fallen die Zucker aus. Weitere Mengen derselben können durch Eindunsten der Lösungen, auch durch Fällung der Lösungen mit Äther gewonnen werden. Dabei ist zu bemerken, daß die Lävulose in Weingeist und Ätherweingeist beträchtlich leichter löslich ist, als die übrigen hier in Betracht kommenden Zuckerarten, so daß sie in stärkerem Maßstab als die anderen in den Mutterlaugen zu finden ist. Der so gewonnene Zucker wird durch Wiederholung dieser Operationen und Entfärbung mit Tierkohle weiter gereinigt. Einen Teil der erhaltenen wohl immer amorphen Ausscheidungen und Syrupe stellt man zur Krystallisation ins Vakuum über Schwefelsäure. Die Krystallisation der Zuckerarten erfolgt freiwillig meistens nur sehr langsam[2]. Rohrzucker, Dextrose und Maltose krystallisieren leichter als Lävulose.

Eine Orientierung über die etwa in den Syrupen vorhandenen Zuckerarten gestattet das Verfahren von Widtsoe und Tollens (111): Man bringt in den auf einem Objektglas befindlichen Syrup einige Kryställchen der aufzusuchenden Zuckerarten und beobachtet (am besten unter dem Mikroskop), ob die hineingebrachten Krystalle sich vermehren oder gar verschwinden. Im ersteren Falle war wahrscheinlich derselbe Zucker wie der hinzugefügte in dem Syrup vorhanden. Weitere Einblicke in die Zusammensetzung des Syrups gewährt sein Verhalten gegen Reagenzien.

Wie man nichtreduzierenden Zucker neben reduzierendem nachweist, ist bereits (s. S. 16, 4) angegeben worden. Fehlingsche Lösung (und analog zusammengesetzte alkalische Kupferlösungen) wird durch Glucose, Fructose und Maltose reduziert, durch Rohrzucker wenigstens bei einmaligem Aufkochen nicht.

---

[1] Den überschüssigen Schwefelwasserstoff entfernt man durch Durchleiten von Luft.

[2] Über Beförderung der Krystallisation durch Impfung s. S. 11.

Maltose wird durch Kochen mit Fehlingscher Lösung zum Teil in Körper übergeführt, die nach dem Kochen mit Säuren wiederum imstande sind, alkalische Kupferlösungen zu reduzieren. Die Anwesenheit von Maltose neben den anderen Zuckerarten läßt sich durch ihr Verhalten gegen Kupferacetatlösung (Barfoedsches Reagens)[1] und eine neutrale Lösung von basisch kohlensaurem Kupfer in Seignettesalz ermitteln. Durch Glucose und Fructose wird das Barfoedsche Reagens beim Kochen reduziert. Die hierbei intakt gebliebene Maltose läßt man in neutraler Lösung, auf das andere Reagens einwirken. Die Maltose bewirkt beim Kochen eine Reduktion desselben, während es durch Rohrzucker nicht verändert wird.

Gibt der zu untersuchende Zucker beim gelinden Erwärmen im Dampfbad mit Resorcin und Salzsäure eine rote Färbung, so enthält er Fructose oder einen mit Fructose verbundenen Körper. Die Reaktion ist nur beweisend, wenn ein gleichzeitig in derselben Weise mit Glucose angestellter Versuch negativ ausfällt.

Den Nachweis von Fructose neben Glucose erbringt man am einfachsten durch Pieraerts Reagens[2], das bei 12stündiger Einwirkung nur durch Fructose reduziert wird.

Wird bei der Oxydation des Zuckers mit Salpetersäure Zuckersäure gebildet, so ist die Gegenwart von Glucose oder eines mit Glucose verbundenen Körpers bewiesen[3].

Man nimmt die Oxydation auf dem Wasserbade vor (112), indem man den Zucker mit Salpetersäure vom spez. Gewicht 1,15 eindampft. Die wässerige Lösung des Rückstandes neutralisiert man genau in der Wärme mit kohlensaurem Kali und bringt durch Eindampfen und Zusatz von Essigsäure das aus der Dextrose entstandene zuckersaure Kalium zur Abscheidung. Durch Umkrystallisieren wird es gereinigt. Zur weiteren Identifizierung der Zuckersäure stellt man ihr Silbersalz dar, indem man die mit Ammoniak neutralisierte Lösung des sauren zuckersauren Kaliums mit einer Lösung von salpetersaurem Silber fällt.

Über die Darstellung krystallisierter Zuckersäure s. Rehorst, K.: Ber. deutsch. chem. Gesellsch. 61, 163, 1928.

---

[1] Eine Lösung von 13,3 g Kupferacetat in 200 cm^3 1proz. Essigsäure oder eine Lösung von je 50 g Kupfer- und Natriumacetat und 5 cm^3 Eisessig zu 1 Liter.

[2] Zu einer Lösung von 12 g Glykokoll in heißem Wasser gibt man allmählich reines Kupferhydroxyd und erwärmt 5 Minuten im Wasserbad bis zur Lösung; nach Abkühlen auf 60° gibt man 50 g gepulvertes Kaliumcarbonat hinzu, füllt mit Wasser auf 1 Liter auf und filtriert.

[3] Wenigstens bei Abwesenheit von Glucuronsäure, die ebenfalls zu Zuckersäure oxydiert wird.

Wenn Gemenge mehrerer Zuckerarten vorliegen, muß man versuchen, entweder die Zucker voneinander zu trennen oder charakteristische Derivate von ihnen darzustellen. Da aus einigen Zuckerderivaten die Zucker, aus denen sie entstanden sind, regeneriert werden können, so kann in einigen Fällen mit ihrer Hilfe eine Trennung der Zucker erzielt werden.

Eine Trennung des Rohrzuckers von anderen Zukkern[1] läßt sich mit einer Lösung von Strontianhydrat bewerkstelligen. Die weingeistige Lösung des Zuckergemenges wird $^1/_2$ Stunde mit einer heiß gesättigten wässerigen Strontianhydratlösung gekocht, der Niederschlag mit Weingeist abgewaschen und zwischen Filtrierpapier abgepreßt. Dann wird er mit heißer Strontianlösung $^1/_2$ Stunde gekocht und die Flüssigkeit heiß auf einem Wasserbadtrichter abfiltriert. Der zur Entfernung der Mutterlauge zwischen Fließpapier abgepreßte Rückstand wird in Wasser suspendiert durch Kohlensäure zersetzt. Die Flüssigkeit wird abgedampft, mit heißem Weingeist aufgenommen und zur Krystallisation der Verdunstung überlassen.

Zur Darstellung von Rohrzucker aus Pflanzen hat E. Winterstein folgendes Verfahren angewandt (112a). Nach vorheriger Extraktion mit Äther wird mit der zehnfachen Menge 95proz. Weingeist unter Zusatz von Calciumcarbonat ausgekocht. Der filtrierte Auszug wird konzentriert, mit Wasser aufgenommen und 6 Tage mit einem geringen Überschuß von frisch hergestelltem Bleihydroxyd gerührt, wobei von Zeit zu Zeit etwas Aluminiumsulfatlösung hinzugegeben wird. Die Flüssigkeit wird von dem Niederschlag abgesogen, mit Schwefelwasserstoff behandelt und mit dem gleichen Raumteil Weingeist versetzt. Das Filtrat vom Schwefelblei wird im Vakuum eingedunstet und der Rückstand dreimal mit Methanol in der Wärme ausgezogen. Von der bei der Abkühlung entstandenen Ausscheidung wird abgegossen und die klare Lösung mit Benzol, Aceton oder Toluol versetzt, bis starke Trübung eintritt. Die Flüssigkeit wird davon abgegossen und stehengelassen, wobei sich der Rohrzucker krystallinisch abscheidet.

Aus einem Gemenge von Glucose, Fructose und Rohrzucker läßt sich der Rohrzucker isolieren, wenn man durch Kochen

[1] Rohrzucker läßt sich nach Congdon und Joung (113) von Glucose auch durch Behandeln mit Essigäther befreien, der auch zu anderen Trennungen herangezogen werden kann, wie aus nachfolgenden Angaben hervorgeht. In 100 Teilen Essigäther sind löslich Maltose 4, Lactose 5, Rohrzucker 6, Galaktose 14, Mannose 18, Glucose (wasserfrei) 32, Arabinose 37, Fructose 42 Teile.

mit überschüssigem Kalkhydrat die beiden andern Zucker zersetzt, die vollständig erkaltete Flüssigkeit abfiltriert, sie mit Kohlensäure zersetzt, mit Tierkohle reinigt, abdampft usw.

Zum Nachweis von Rohrzucker neben reduzierenden Zuckern kann man nach Jolles (114) die Zuckerlösung, die nicht mehr als 2% reduzierenden Zucker enthalten darf, mit Natronlauge (Gesamtkonzentration $^{N}/_{10}$) erhitzen, entweder 24 Stunden im Thermostaten bei 37° oder $^{3}/_{4}$ Stunden am Rückflußkühler oder im Lintnerschen Druckfläschchen, beides im siedenden Wasserbad. Die reduzierenden Zucker verlieren so ihre optische Aktivität ganz oder bis auf geringe Spuren; die des Rohrzuckers bleibt erhalten.

Man kann auch nach Rothenfußer (115) die Monosaccharide durch Wasserstoffperoxyd in alkalischer Lösung zerstören und den Rohrzucker mit Hilfe von Diphenylamin nachweisen. Beispielsweise werden 10 cm³ einer Lösung mit 7% Gesamtzucker mit 15 cm³ 20proz. Kalilauge versetzt, mit Wasser auf 50 cm³ gebracht und weiterhin mit 15 cm³ 3proz. Wasserstoffperoxydlösung versetzt. Das Gemisch erhitzt man in einer dünnwandigen gläsernen Abdampfschale oder einer Nickelschale mit Ausguß auf kochendem Wasserbad. Sollte sich nach 5 Minuten Gelbfärbung zeigen, so wird noch tropfenweise Wasserstoffperoxyd bis zur Entfärbung hinzugefügt. Nach etwa 10—12 Minuten gibt man unter Umrühren etwas Infusorienerde hinzu. Nach 20 Minuten Gesamtzeit filtriert man ab, versetzt 5 cm³ des farblosen Filtrats mit Diphenylaminreagens[1] und bringt das Reagensglas mit der Mischung 8—9 Minuten in ein kochendes Wasserbad. Eintreten einer Blaufärbung zeigt Rohrzucker an.

Über Nachweis und Bestimmung von Rohrzucker s. außerdem S. 23; ferner Riffart, H. und Pyriki, C., Zeitschr. f. Untersuchg. der Nahrungs- und Genußm. 48, 197. 1924.

Glucose und Fructose kann man durch ihr Verhalten gegen Ätzkalk trennen, mit dem Fructose eine in Wasser schwer lösliche, Glucose eine lösliche Verbindung bildet. Zu der etwa 10proz. kalten Zuckerlösung gibt man so viel Kalkhydrat, daß etwa 6 Teile des letzteren auf 10 Teile Zucker kommen. Man schüttelt die Mischung so lange, bis die Kalk-Fructose-Verbindung sich abscheidet. Sowohl die Flüssigkeit als auch den von ihr abgetrennten Niederschlag zerlegt man mit Kohlensäure oder Oxalsäure, wodurch man aus jener durch Abdampfen usw. die Glucose, aus diesem die Fructose erhält.

---

[1] 10proz. weingeistige Diphenylaminlösung 20 cm³, Eisessig 60 cm³, konzentrierte Salzsäure 120 cm³.

Derivate, welche für die Aldehyd- oder Ketongruppen enthaltenden Zuckerarten (Glucose, Fructose, Maltose) besonders charakteristisch sind, entstehen aus ihnen durch Einwirkung von Phenylhydrazin und ähnlich zusammengesetzten Körpern. Mit Phenylhydrazin selbst geben die Zuckerarten in der Kälte die Phenylhydrazone, in der Hitze die Phenylosazone, welch letztere in Wasser mehr oder minder schwerlösliche gelbgefärbte Krystalle darstellen.

Die Phenylosazone entstehen, wenn man die Lösung des Zuckers mit salzsaurem Phenylhydrazin und essigsaurem Natron auf dem Wasserbad erwärmt. So entsteht das Phenylglucosazon (116), wenn man 1 Teil Glucose, 2 Teile salzsaures Phenylhydrazin, 3 Teile essigsaures Natron und 20 Teile Wasser in der angegebenen Weise behandelt (E. Fischer). Durch Umkrystallisieren aus starkem oder verdünntem Weingeist lassen sie sich reinigen. Während das Osazon der Glucose und Fructose schon aus der heißen wäßrigen Flüssigkeit ausfällt, kann Maltosazon (bei nicht zu großer Konzentration) in der Wärme gelöst bleiben und scheidet sich erst beim Erkalten ab. Durch dieses Verhalten kann Maltosazon von den Osazonen der beiden anderen Zuckerarten getrennt werden. Der Schmelzpunkt des Maltosazons liegt bei 206°; aus Glucose und Fructose entsteht das gleiche bei 204—205° schmelzende Osazon.

Über den Nachweis von Glucose und Rhamnose nebeneinander s. S. 54.

Glucose kann neben Fructose durch Überführung in Zuckersäure und deren Silbersalz nachgewiesen werden. Man kann ferner die Fructose zerstören, indem man 50 cm³ Zuckerlösung mit 10 cm³ 5 N-Salzsäure etwa 7 Stunden erhitzt. Die Glucose bleibt so fast unverändert.

Zum Nachweis der Glucose neben Fructose wird auch das durch Einwirkung von Diphenylhydrazin auf Glucose entstehende Hydrazon (117) (Smp. 162°) benützt, ebenso das bei 171—172° schmelzende Glucosebenzhydrazid (118), welches sich bildet, wenn beide Komponenten in Gegenwart von Weingeist 5—6 Stunden am Rückflußkühler erhitzt werden. Mit Wasser kann man die Verbindung wieder in Glucose und Benzhydrazid spalten. Letzteres wird durch Zusatz von Benzaldehyd, mit dem es eine unlösliche Verbindung bildet, entfernt.

Zur Identifizierung der Glucose kann man sie auch in β-Methylglucosid überführen. Beispielsweise löst man 0,9 g des Zuckers mit 70proz. Methanol zu 100 cm³, fügt die konzentrierte wäßrige Lösung von 1 g Emulsin hinzu und prüft von Zeit zu Zeit polarimetrisch. Ändert sich die Drehung nicht mehr, ist also

8*

das Gleichgewicht erreicht, dann filtriert man, dampft im Vakuum ein und kocht den Rückstand mit einem Gemisch aus 10 cm^3 95proz. Weingeist und 25 cm^3 Essigäther. Das β-Methylglucosid scheidet sich beim Erkalten ab und wird durch Schmelzpunkt (109°—111°) und Drehung: $[\alpha]_D^{20} = -32{,}25°$ (1proz. wässerige Lösung) identifiziert.

Es ist übrigens nicht nötig, zur Darstellung des β-Methylglykosids von reinen Zuckern auszugehen, man kann auch genügend gereinigte Pflanzenextrakte benützen. Man löst sie in soviel 70proz. Methanol, um eine 1proz. Zuckerlösung zu erhalten, und verfährt im übrigen entsprechend dem oben gegebenen Verfahren (119).

Zur Charakterisierung der Fructose können die Osazone dienen, welche sie mit asymmetrischen sekundären Hydrazinen (120) gibt, da mit diesen Körpern nur die Ketosen, nicht aber die Aldosen Osazone bilden. (Smp. des Fructose-α-Methylphenylosazons 161—162°.)

Von den Hydrazonen seien noch die Benzylphenylhydrazone (121) erwähnt, gut krystallisierende Verbindungen, welche sich bilden, wenn man zu der konzentrierten Lösung eines zur Hydrazonbildung befähigten Zuckers eine absolutalkoholische Lösung von Benzylphenylhydrazin gibt. Aus den Hydrazonen lassen sich die ursprünglichen Zucker durch Formaldehyd oder Benzaldehyd wiedergewinnen. Bei der Anwendung von Formaldehyd löst man 1 g des Hydrazons in 2—3 cm^3 30—40proz. heißer Formaldehydlösung und erwärmt auf dem Wasserbad. Die Lösung trübt sich und scheidet das Formaldehydhydrazon als schweres Öl ab, das durch Ausäthern entfernt wird. Überschüssiger Formaldehyd wird durch Abdampfen, etwa vorhandener Metaformaldehyd durch Lösen des Syrups in absolutem Alkohol beseitigt. In ähnlicher Weise erfolgt die Spaltung der Hydrazone durch Benzaldehyd.

Hat man die Zuckerarten in genügend reinem Zustand isoliert, so stellt man ihre wichtigsten Eigenschaften fest und vergleicht sie mit denen der bekannten Zuckerarten. Von besonderer Wichtigkeit sind: Krystallform, Verhalten gegen Kupferacetat und alkalische Kupferlösung, Gärungsvermögen, Einfluß auf das polarisierte Licht, Verhalten beim Behandeln mit Salzsäure, Salpetersäure und Hydrazinen besonders Phenylhydrazin und der Schmelzpunkt der entstandenen Derivate. Die Phenylhydrazinreaktion kann auch quantitativ verwertet werden, da die mit Phenylhydrazin reagierenden Zuckerarten unter bestimmten Verhältnissen bestimmte Mengen von Osazonen liefern (122).

Von spezifischen Reaktionen der einzelnen Zuckerarten seien folgende erwähnt:

Rohrzucker: a) Benetzt man mit der Zuckerlösung eine Porzellanplatte, legt diese auf ein siedendes Wasserbad und läßt einige Tropfen 1proz. Arsensäurelösung auffließen, so tritt eine anfangs rote, später prachtvoll purpurne Färbung ein (Maumenés Reaktion). b) Gibt als lävulosehaltiger Körper rote Färbung, wenn man ihn mit Salzsäure und Resorcin erwärmt. c) Auf dem Vorhandensein der Lävulosegruppe beruht auch das Eintreten der Rosafärbung, wenn man 0,1 g Rohrzucker in 10 cm^3 rauchender Salzsäure löst und mit 20cm^3 Sesamöl schüttelt. d) Wird durch Saccharase in Dextrose und Lävulose gespalten. e) Ist rechtsdrehend.

Glucose (Dextrose, Traubenzucker): a) Gibt bei der Oxydation mit Salpetersäure Zuckersäure. b) Ist rechtsdrehend. c) Die Kalkverbindung ist wasserlöslich. d) Gibt keine rote Färbung bei vorsichtigem, kurzem Erwärmen mit Resorcin oder Phloroglucin und Salzsäure. e) Reduziert alkalische Kupfer-, Quecksilber- und Wismutlösung.

Fructose (Lävulose): a) Gibt bei der Oxydation mit Salpetersäure keine Zuckersäure. b) Ist linksdrehend. c) Die Kalkverbindung ist in Wasser schwer löslich. d) Gibt eine rosenrote Färbung bei Erwärmen mit Resorcin und Salzsäure, eine gelblichbraune mit Phloroglucin und Salzsäure. e) Gibt dieselben Reduktionsreaktionen wie Glucose. f) Gibt die bei Rohrzucker unter a) und c) erwähnten Reaktionen.

Rohrzucker, Glucose und Fructose sind durch Bierhefe vergärbar.

Maltose. a) Verhält sich gegenüber Bierhefe und den Reduktionsreaktionen wie Glucose, mit der Ausnahme, daß sie durch Barfoeds Reagens (s. S. 112) nicht reduziert wird. b) Wird durch Saccharomyces Marxianus im Gegensatz zu Rohrzucker, Dextrose und Lävulose nicht vergoren. c) Das Phenylosazon schmilzt bei 206^0 und ist in warmem Wasser beträchtlich leichter löslich als das Glucosazon.

Mannit. a) Die sehr schwache Linksdrehung geht durch alkalische Arsenitlösung in starke Rechtsdrehung über. b) Wird durch Wasserstoffperoxyd bei Gegenwart von Ferrosulfat zu Mannose oxydiert, die durch ihr schwer lösliches Phenylhydrazon (Smp. 199^0) charakterisiert ist. c) Reduziert nicht. d) Löst man Mannit in rauchender Salzsäure und schüttelt mit Benzaldehyd, so scheidet sich allmählich Tribenzyliden-Mannit ab. Smp. 207^0 (218—222^0).

Inosit. a) Optisch inaktiv, reduziert alkalische Kupferlösung nicht und ist gegen Säuren und Alkalien widerstandfähiger als die anderen Körper dieser Gruppe. b) Gibt man zu einer konzentrierten Inositlösung 1 Tropfen einer Lösung von salpetersaurem Quecksilberoxyd, so entsteht ein beim Erwärmen dunkelrosarot werdender, beim Erkalten wieder verschwindender Niederschlag (Reaktion von Gallois). c) Wird ein wenig Inosit mit Salpetersäure eingedampft und dann Ammoniak oder essigsaures Natron und darauf Chlorbarium zugesetzt, so nimmt die Masse beim Stehen eine rötliche Färbung an (Reaktion von Scherer-Seidel).

Die quantitative Bestimmung der Zuckerarten baut sich auf ihrem Verhalten gegen das polarisierte Licht, gegen alkalische Kupferlösung und gegen Hefe auf. Nichtreduzierende Zuckerarten wie Rohrzucker werden invertiert, ehe sie mit alkalischer Kupferlösung bestimmt werden. Durch geeignete Kombination der Methoden können zwei (evtl. mehr) Zuckerarten nebeneinander bestimmt werden.

So kann beispielsweise die Summe von Zymohexosen und Galaktose bei $p_H = 5{,}5$ (Phosphatpuffer) nach Ausschaltung der Selbstgärung durch 24stündiges Liegen der Hefe an der Luft durch 24stündige Gärung mit Löwenbräuhefe bestimmt werden; Zymosaccharosen allein werden mit Schizosaccharomyces Pombe bei $p_H = 3{,}7$ (Acetatpuffer) bestimmt. Die Differenz ergibt die Galactose (123).

Glucose kann neben Fruktose und Rohrzucker durch Oxydation mit Hypojodit bestimmt werden (Verfahren von Willstätter und Schudel in der Abänderung von Auerbach und Bodländer) (124).

Über die Bestimmung von Galaktose s. S. 119 u. 123 von Pentosen S. 121 von Methylpentosen S. 121.

Weiteres über Bestimmung von Zuckern s. u. a. in den Lehrbüchern der pharmazeutischen Chemie, der Nahrungsmittelchemie, von der Haar, A. W., Anleitung zum Nachweis, zur Trennung und Bestimmung der Monosaccharide und Aldehydsäuren (Verlag Gebr. Bornträger, Berlin 1920) und v. Lippmann, E. O., Die Chemie der Zuckerarten (Verlag Vieweg & Sohn, Braunschweig), 3. Aufl. 1904.

II. Gummi und ähnliche Substanzen. Diese Körper sind meist Verbindungen von Kohlenhydraten saurer Natur (Arabinsäure) mit Calcium oder Magnesium. Wird die Arabinsäure aus der wässerigen Lösung des Gummis durch Salzsäure und Weingeist gefällt, so verwandelt sie sich beim Trocknen in eine unlösliche Modifikation, die frei oder in Salzform ebenfalls in der Pflanzenwelt oft zugleich mit der löslichen Modifikation vorkommt. Durch schwache Alkalien (Kalk- oder Barytwasser) lassen sich diese unlöslichen Modifikationen wieder in lösliche überführen.

Man sucht den Gummi in kaltem Wasser zu lösen, fällt, wenn nötig, fremde Bestandteile mit Bleiacetat und den Gummi mit Bleiessig. Den Bleiessigniederschlag zersetzt man in gewohnter Weise durch Schwefelwasserstoff. Das Schwefelblei ist jedoch oft schwer von der Gummilösung zu trennen. Man vermeidet deshalb nach Möglichkeit die Bleimethode und sucht den Gummi durch Weingeist zu fällen, da er schon in verdünntem Weingeist nur sehr schwer löslich ist. Um den organischen Anteil des Gummis rein darzustellen, löst man den Niederschlag wieder in wenig Wasser, dem man etwas Salzsäure zufügt, fällt wieder durch Weingeist und wiederholt diese Operationen, bis die Fällungen frei von anorganischen Bestandteilen sind. Zur Erreichung dieses Zweckes kann man auch die Dialyse oder Elektroosmose (s. S. 96) zu Hilfe nehmen.

Da die Gummiarten sich in ihren physikalischen Eigenschaften wenig voneinander unterscheiden, amorph sind und keine krystallinischen Derivate geben, auch sich im großen ganzen gegen Fällungsmittel gleich verhalten, so geht die Untersuchung hauptsächlich darauf aus, festzustellen, welche Körper aus ihnen bei dem Behandeln mit Salz- oder Schwefelsäure (Hydrolyse) und bei der Oxydation mit Salpetersäure entstehen. Die gleiche Untersuchungsweise wird auch bei den später zu behandelnden Pflanzenschleimen, Pektinkörpern und den eigentlichen Membranstoffen in Anwendung gebracht.

Gibt ein derartiger Körper bei der Oxydation nach dem S. 112 angegebenen Verfahren Zuckersäure, so war Glucose an dem Aufbau des Körpers beteiligt, entsteht dagegen die in Wasser schwer lösliche Schleimsäure, so war ein Galaktoserest in dem Molekül des Körpers vorhanden[1]. Zur Herstellung und Bestimmung der etwa entstehenden Schleimsäure (125) hat Tollens folgende Vorschrift gegeben: 5 g Zucker werden mit 60 cm³ Salpetersäure vom spez. Gewicht 1,15 in einem Becherglase von ca. 5,7 cm Durchmesser, in welchem die Flüssigkeit ursprünglich eine Höhe von etwa 2,5 cm einnimmt, auf dem Dampfbade erwärmt, bis die Flüssigkeit auf die Höhe von 8—9 mm heruntergedampft ist. Die abgedampfte Masse zerrührt man am folgenden Morgen mit 10 cm³ Wasser, filtriert 24 Stunden darauf durch ein bei 100°

[1] Galakturonsäure gibt ebenfalls durch Oxydation Schleimsäure, auch Querzit und Dulzit.

getrocknetes Filter ab, wäscht mit 25 cm^3 Wasser aus, trocknet bei 100° und wägt. Schmelzpunkt der Schleimsäure 211—212°. Da Galaktose bei der Oxydation ca. 75% Schleimsäure liefert, so kann man aus der gewonnenen Menge der Schleimsäure berechnen, ein wie großer Teil des untersuchten Körpers aus dem Galaktoserest bestand. Vgl. dazu S. 123.

Die obengenannten Körper gehen beim Kochen mit Salz- oder Schwefelsäure zunächst in Zuckerarten über. Die Zuckerarten verhalten sich bei der weiteren Einwirkung der Säuren verschieden: Aus den Hexosen entsteht zunächst Oxymethylfurfurol und Lävulinsäure[1], aus den Pentosen Furfurol, aus den Methylpentosen Methylfurfurol.

Zum Nachweis der Lävulinsäure (126) erhitzt man die zu untersuchende Substanz im Wasserbad 20 Stunden lang mit etwa 20proz. Salzsäure in einem Kolben, in dessen Kautschukstöpsel eine lange Glasröhre eingesetzt ist. Nach Beendigung der Einwirkung filtriert man ab und schüttelt das Filtrat viermal mit dem gleichen Volumen Äther aus. Den nach dem Abdampfen des Äthers bleibenden Rückstand erwärmt man auf dem Dampftrockenschrank ½—1 Stunde und versucht, ob ein kleiner Teil desselben mit Jod und Natronlauge Jodoform bildet. Tritt die Jodoformreaktion ein (bei negativem Ausfall ist Lävulinsäure nicht vorhanden), so löst man den Rückstand in Wasser, digeriert mit Zinkoxyd und führt das nach der Entfärbung mit Kohle und dem Abdampfen erhaltene krystallisierte Zinklävulat durch Fällen seiner konzentrierten Lösung mit Silbernitrat in das charakteristische Krystallform besitzende Silbersalz der Lävulinsäure über.

Reaktionen der Pentosen (Arabinose, Xylose).

a) Man versetzt die Lösung des Zuckers mit so viel Salzsäure (spez. Gewicht 1,19 = 38proz.), daß der HCl-Gehalt der Lösung ungefähr 20% beträgt. Erhitzt man dann nach Zusatz von ein wenig Phloroglucin, so tritt eine kirschrote Färbung und dann ein dunkler Niederschlag auf. Wäscht man diesen mit ein wenig Wasser und löst ihn in Weingeist, so gibt die Lösung spektralanalytisch untersucht ein Absorptionsband zwischen D und E (127).

Nimmt man statt Phloroglucin Orcin, so entsteht eine blaugrüne Färbung und ein ebensolcher Niederschalg. Das Absorptionsspektrum liegt zwischen C und D mit Berührung von D (128).

b) Destilliert man die Zuckerlösung nach Zusatz von so viel Salzsäure, daß die Flüssigkeit 12% Salzsäure enthält, und setzt

[1] Lävulinsäure kann auch aus Glucosamin, Chitin und Chitose entstehen.

man jedesmal, wenn 5 cm^3 Flüssigkeit abdestilliert sind, wieder 5 cm^3 Salzsäure zu, so zeigt das Destillat folgende Reaktionen (auf Furfurol):

1. Mit einer Mischung gleicher Teile Anilin und Eisessig entsteht eine rote Färbung (129).

2. Versetzt man das Destillat mit gleichen Teilen konzentrierter Salzsäure und einigen Kryställchen Resorcin, so beobachtet man im Spektralapparat das Folgende: Während sich die Flüssigkeit allmählich dunkler färbt, tritt ein Absorptionsstreifen im Rot auf, der an Breite zunehmend allmählich den bis dahin noch hellen Raum in der Mitte ausfüllt (130).

Methoden zur quantitativen Bestimmung von Furfurol und damit von Pentosen und Pentosanen auf der Grundlage des Phenylhydrazinniederschlags sind von Tollens und seinen Mitarbeitern (131) sowie von Stone (132) ausgearbeitet worden.

Über die Phloroglucidmethode vgl. Journ. f. Landwirtschaft Bd. 48, S. 357 und Zschr. f. angew. Chemie Bd. 15, 477—482. 1902.

Über die Bestimmung von Pentosen und Pentosanen vgl. noch Pervier, N. C. und Gortner, R. A. Ind. and. Engin. Chem. **15**, 1167, 1255, 1923, Chem. Zentralbl. 1924, I, 2617, 2618 und Klingstedt, F. W., Zeitschr. analyt. Chem. **66**, 129, 1925.

Reaktionen der Methylpentosen (Fukose, Rhamnose, Rhodeose).

a) Erwärmt man eine Methylpentose mit 10 cm^3 konz. Salzsäure und 1—2 cm^3 reinem Aceton im siedenden Wasserbad, so tritt eine himbeerrote Färbung auf. Die Flüssigkeit zeigt ein Absorptionsband in Gelb[1].

b) Destilliert man, wie bei Pentosen beschrieben, so gibt das Destillat folgende Reaktionen (auf Methylfurfurol):

1. Das Destillat gibt mit der Hälfte 38proz. Salzsäure und 1—2 cm^3 Aceton erwärmt die in a) beschriebene Erscheinung.

2. Erwärmt man das Destillat mit gleichen Raumteilen 38proz. Salzsäure, so ergibt die Prüfung im Spektralapparat ein Band zwischen grün und blau (133).

Über den Nachweis von Rhamnose neben Glucose s. S. 54.

Zur quantitativen Bestimmung von Methylpentosen auch neben Pentosen sind Verfahren von Tollens und seinen Schülern ausgearbeitet worden (134).

[1] Pentosen geben eine ähnliche Färbung, die jedoch nach höchstens 10 Minuten Erwärmen verschwindet, worauf auch kein Absorptionsband mehr wahrzunehmen ist.

Unter den Zuckerarten, welche (außer Dextrose und Lävulose) bei der Hydrolyse von Gummi, Pflanzenschleim, Membranstoffen u. dgl. entstehen können, seien noch die Mannose, Galaktose, Arabinose und Xylose erwähnt.

Außerdem können noch die Zuckern nahestehenden Glukuronsäure und Galakturonsäure auftreten.

Mannose (Smp. 132—133°) dreht nach rechts, gibt in nicht zu verdünnten Lösungen einen Niederschlag mit Bleiessig (Unterschied von den andern Monosacchariden) und vergärt mit Bierhefe.

Charakteristisch ist das Phenylhydrazon (Smp. 199°). Man erhält es, indem man eine wässerige Lösung mit der E. Fischerschen Phenylhydrazinlösung (s. S. 115) oder einer Lösung von freiem Phenylhydrazin in der doppelten Menge 25proz. Essigsäure versetzt. Man krystallisiert es erst aus Wasser, dann aus 60proz. Weingeist und wäscht es mit Weingeist und Äther.

Galaktose (Smp. 118°—120°) dreht nach rechts und wird bei $p_H = 5{,}5$ (Phosphatpuffer) durch Münchener Löwenbräuhefe vergoren. Sie kann als Schleimsäure, als α-Methylphenylhydrazon (Smp. ca. 190°) oder Diphenylmethan-dimethyldihydrazon (Smp. 185°) nachgewiesen werden. Um ersteres darzustellen gibt man zur Lösung von 0,5 g Galaktose in 3 cm³ Wasser 0,4 g as-Methylphenylhydrazin und Weingeist bis zur Klärung. Man krystallisiert aus heißem Wasser oder 30proz. Weingeist.

Sehr geeignet zur Charakterisierung von Galaktose auch in Gegenwart anderer Zucker ist das o-Tolylhydrazon (135). Zur Darstellung erhitzt man die Lösung von 1 Teil Galaktose in gleichviel Wasser mit 1 Teil o-Tolylhydrazin, gelöst in 20 Teilen absolutem Alkohol $^1/_2$ Stunde im siedenden Wasserbad. Das Hydrazon wird nach 24 Stunden auf dem Saugfilter mit Weingeist und Äther gewaschen und aus 95proz. Weingeist umkrystallisiert. Smp. 176°.

Die Galaktose kann man ferner auch durch Überführung in β-Äthylgalaktosid nachweisen, insbesondere auch neben Arabinose. M. Bridel und J. Charpentier (136) verfuhren dazu bei ihrem Nachweis in den Produkten der Hydrolyse des arabischen Gummi folgendermaßen: Die nach der Hydrolyse mit Schwefelsäure erhaltene, mit Calciumcarbonat behandelte Flüssigkeit wurde nach Abfiltrieren des Gipses im Vakuum auf 150 cm³ eingedampft, dann wurde nochmals filtriert und weiter im Vakuum zur Trockne gedampft. Das Extrakt wurde zur Entfernung von Verunreinigungen mit 500 cm³ Essigäther ausgekocht, nochmals im Vakuum warm getrocknet und dann in so viel 70proz. Weingeist gelöst, daß die Lösung $5^0/_0$ Extrakt enthielt. Zu 500 cm^3 Flüssigkeit wurden 5 g Emulsin hinzugefügt und dies, während die Flüssigkeit auf 37° erwärmt blieb, am 10., 20., 41. und 75. Tage wiederholt.

Nach 89 Tagen wurde die Flüssigkeit aufgearbeitet. Es wurde vom Emulsin abfiltriert und im Vakuum zur Trockne verdampft. Der Rückstand wurde in Wasser gelöst und zur Entfernung der Arabinose dem Blausäureverfahren (s. S. 47) unterworfen. Die vom Schwefelblei befreite Flüssigkeit wurde im Vakuum zur Trockne gedampft und der Rückstand wiederholt mit Essigäther ausgekocht. Beim Erkalten krystallisiert das β-Äthylgalaktosid aus, wird nach dem Abfiltrieren mit absolutem Alkohol gewaschen und an der Luft getrocknet. Smp. (Block Maquenne) 159°—160° (α) D = —4°, 40 (in 2,27proz. Lösung).

Über die quantitative Bestimmung der Galaktose nach dem Schleimsäureverfahren s. van der Haar, A. W., Biochem. Zeitschr. 81, 263, 1917 und Anleitung zum Nachweis der Monosaccharide usw. (s. S. 118) S. 123.

d-Xylose (Smp. 148°, 154°) dreht nach rechts und ist nicht durch Hefe vergärbar. Sie gibt mit Bromwasserstoff in ätherischer Lösung bereits nach 1—2 Stunden purpurrote Färbung.

Eine aus Xylose zu erhaltende charakteristische Verbindung ist das in Weingeist unlösliche Cadmiumbromxylonat (137), das entsteht, wenn man 5 g des zu untersuchenden Sirups mit 15 g Wasser, 6 g Cadmiumcarbonat und 3 g Brom mischt, nach 20 Stunden erwärmt und siedend filtriert. Aus dem konzentrierten Filtrat wird durch Weingeist die Verbindung als bootförmige Krystalle ausgeschieden.

Außerdem ist das Xylose-p-Nitrophenylhydrazon (Schmelzpunkt 190—191°) charakteristisch.

l-Arabinose (Smp. 160°) dreht nach rechts und ist durch Hefe nicht vergärbar. Charakteristisch sind das α-Benzylphenylhydrazon (Smp. 174°) und das p-Bromphenylhydrazon (Smp. 161—163°). Man stellt es dar, indem man zu der 1proz. Lösung der Pentose so viel einer aus 1 Teil des Hydrazins, 3,5 Teilen 50proz. Essigsäure und 12 Teilen Wasser bestehenden Flüssigkeit gibt, daß auf 1 Teil Arabinose 2 Teile des Hydrazins kommen.

Eine Trennung der Xylose und Arabinose läßt sich mit β-Naphthylhydrazin (138) bewerkstelligen. Verfährt man wie oben, so krystallisiert das Arabinose-β-Naphthylhydrazon (Schmelzpunkt 176—177° korr.) aus, während die analoge Verbindung der Xylose (Schmelzpunkt 124°) aus der Mutterlauge gewonnen wird.

d-Glukuronsäure OHC $(CHOH)_4$. COOH. Bildet im reinsten Zustand Nadeln Smp. 154°. Reduziert Fehlingsche Lösung. Wird durch Hefe nicht vergoren. Geht leicht in das Anhydrid Glykuron Smp. 175—178° über. Wird durch Bleiessig, nicht durch Bleiacetat gefällt; auch Barytwasser fällt aus konzentrierter Lösung. Salpetersäure oder Bromwasser oxydieren zu Zuckersäure. Liefert durch Erwärmen mit Salzsäure Furfurol.

Zum Nachweis eignet sich das schwerlösliche Cinchoninsalz und das p-bromphenylosazon-glukuronsaure Barium.

Die Säure wird mit Barytlösung neutralisiert, die Lösung mit der nötigen Menge reinem p-Bromphenylhydrazinhydrochlorid und Bariumacetat versetzt (auf 1 g Glukuronsäure 4 g Hydrochlorid und 0,6 g Bariumacetat) und nach kurzem Erwärmen im Wasserbad schnell abfiltriert. Das Filtrat wird dann mit wenig Essigsäure versetzt und $^1/_2$ Stunde im Wasserbad erhitzt. Die entstandenen Kristalle ($C_{18}H_{17}O_5N_4Br_2Ba$ = p-bromphenylosazon-glukuronsaures Barium, Nadeln, Smp. 216°) werden mit Wasser, Weingeist und Äther gewaschen.

Zur Vorprüfung auf Glukuronsäure kann man bei Gegenwart von Zuckern nach v. d. Haar so vorgehen (139): Man dampft mit Bariumcarbonat zur Trockne, zieht die Masse wiederholt durch Auskochen mit Weingeist aus und dann den darin unlöslichen Rückstand mit Wasser, das dann das Bariumsalz der Glukuronsäure löst. Durch vorsichtigen Zusatz von verdünnter Schwefelsäure macht man die Glukuronsäure frei. Mit dieser Lösung führt man die Naphthoresorcinreaktion nach Tollens aus: Ein Gemisch der Lösung mit gleichviel 38proz. Salzsäure wird aufgekocht und nach Zusatz von 0,1 g Naphthoresorcin noch $^1/_2$ Minute gekocht. Nach Abkühlen auf 50° schüttelt man mit Benzol aus. Man erhält eine violette Lösung mit Absorptionsband auf D.

Die quantitative Bestimmung der Glukuronsäure kann entweder nach dem Phlorogluzidverfahren (s. S. 121; ein Teil Furfurolphlorogluzid = 3 Teile Glukuronsäurelakton nach Lefèvre) oder durch die Bestimmung der bei der Destillation mit Salzsäure abgespaltenen Kohlensäure erfolgen (Verfahren von Lefèvre). Näheres über letzteres Verfahren s. Lefèvre, K. U., Untersuchungen über die Glykuronsäure (Diss. Göttingen 1907) und A. W. van der Haar (l. c. s. S. 118) S. 71.

Galakturonsäure. Verhält sich in den meisten Eigenschaften (auch in der Naphthoresorcinreaktion) wie Glukuronsäure, von der sie sich dadurch unterscheidet, daß sie sich zu Schleimsäure oxydieren läßt. Daß dies schon mit Bromwasser erfolgt, unterscheidet sie von der Galaktose.

III. Dem Gummi schließen sich einige Stoffe gummöser und schleimiger Natur an. Hierher gehören die in Wasser mehr oder minder löslichen Pflanzenschleime, von denen einige in Wasser nur aufquellen, Bassorin und Pektinstoffe. Die Darstellung dieser zum Teil durch Bleiacetat fällbaren Körper erfolgt meistens durch Ausziehen mit heißem Wasser und Fällen mit Weingeist. Einige Schleime können aus ihrer wässerigen Lösung ausgesalzen werden. Von Aschenbestandteilen werden sie nach den bei Gummi angegebenen Methoden befreit.

Die Pektinstoffe werden bereits durch heißes Wasser verändert. Näheres darüber und ihre Untersuchung s. Ehrlich, F. Zeitschr. f. angew. Chemie **40**, 1305, 1927.

Zur Darstellung des Amyloids, welches aus den Samen von Leguminosen und Tropaeolum majus erhalten worden ist, zieht man die Samen erst mit Äther, heißem Weingeist, verdünntem Ammoniak und kalter 1 proz. Natronlauge aus, wäscht dann den Rückstand mit Wasser und bringt das Amyloid durch kochendes Wasser in Lösung, aus der man es durch Weingeist niederschlägt. Amyloid färbt sich mit Jod blau.

Das in vielen Pilzen vorkommende Glykogen wird aus seinen opalisierenden Lösungen, die durch Essigsäure oder Kalilauge klar werden, ebenfalls durch Weingeist niedergeschlagen. Es färbt sich mit Jod rot bis braun und liefert bei der Hydrolyse Dextrose.

Um das in den unterirdischen Organen vieler Kompositen vorkommende Inulin zu gewinnen, zieht man die Pflanzenteile unter Zusatz von Calciumcarbonat mit heißem Wasser aus. Die Auszüge läßt man zur Klärung stehen, filtriert und dampft das Filtrat ein, bis das Inulin sich auszuscheiden beginnt. Man kann auch erst mit Bleiessig Schleim u. dgl. fällen, das Blei durch Schwefelwasserstoff, diesen durch Einleiten von Kohlensäure entfernen und nach Neutralisation mit Calciumcarbonat das Inulin durch Eindampfen wieder zur Abscheidung bringen. Durch wiederholtes Aufnehmen in heißem Wasser und Ausscheidung durch Abkühlung, dann durch Waschen mit Weingeist und Äther wird es weiter gereinigt. Zur Reinigung des Inulins kann man auch seine Fällbarkeit durch Barytwasser benützen.

Über den Nachweis des Inulins durch ein mykologisches Verfahren s. Castellani A. und Taylor, F. E., Biochem. Journal **16,** 655; Chem. Zentralbl. 1923, II, 381.

Inulin. Linksdrehend. Die wässerige Lösung wird mit Jod gelb. Reduziert alkalische Kupferlösung nicht. Die wässerige Lösung gibt Niederschläge mit den Hydroxyden der Erdalkalien. Hydrolyse mit verdünnten Säuren ergibt nur Fructose.

Über eine Inulinbestimmung s. Zeitschr. f. Untersuchg. d. Nahrungs- und Genußm. Bd. 5, S. 81. 1902.

Lichenin (Flechtenzellulose). Steht der Zellulose nahe. Gibt mit Wasser kolloide Lösung. Optisch inaktiv. Löslich in verdünnten Laugen. Festes Lichenin wird durch Jod schwarzblau; die wässerige Lösung färbt sich mit Jod nicht. Fehlingsche Lösung wird nur spurenweise reduziert. Wird durch Lichenase zu Cellobiose, bei gleichzeitiger Gegenwart von Cellobiase (Enzym der Schnecke Helix pomatia) zu Glucose aufgespalten.

Von der Gegenwart der Stärke kann man sich am besten durch das Mikroskop überzeugen, wo ihre verschiedenen Formen leicht in die Augen fallen und durch die Blaufärbung mit Jod[1] gut charakterisiert sind. In kaltem Wasser unlöslich, verkleistert die Stärke mit heißem Wasser und ist in diesem Zustand in den heiß bereiteten wässerigen Lösungen vorhanden. Leichter, wenn auch nicht unverändert, geht die Stärke in Lösung, wenn das Rohmaterial mit Säuren oder Alkalien behandelt wird. Soll die Stärke dargestellt werden, was nur bei stärkereichem Material leicht möglich sein wird, so bedient man sich der bekannten mechanischen Methoden. Man schlämmt aus dem zerkleinerten Material die Stärke mit Wasser aus, läßt sie absetzen, wäscht sie mehrmals mit Wasser aus und trocknet sie bei niederer Temperatur. Zur Bestimmung der Stärke führt man sie meist durch Hydrolyse in Glucose über und bestimmt deren Menge durch Polarisation oder alkalische Kupferlösung. Doch sind diese Verfahren alle nicht sehr genau, hauptsächlich weil es sich nicht vermeiden läßt, daß auch andere Körper gleichzeitig hydrolysiert werden und reduzierende Zucker liefern.

Betreffs anderer Bestimmungsmethoden verweise ich auf das colorimetrische Verfahren von Dennstedt und Voigtländer (140), die gewichtsanalytische Bestimmung von Baumert und Bode (141) und die polarimetrische Bestimmung von C. Mannich und K. Lenz (142).

Nicht so verbreitet wie die Stärke kommt das Xylan, der Holzgummi, in vielen Pflanzen vor. Es ist in kaltem Wasser opalisierend, in heißem klar löslich. Man stellt es dar, indem man das Rohmaterial erst mit 1—2proz. Ammoniak auszieht, dann das Xylan mit Natronlauge in Lösung bringt und es darauf durch Weingeist niederschlägt. Durch Auswaschen mit salzsäurehaltigem Weingeist, Weingeist und Äther wird es gereinigt. Mit Bleiessig gibt es eine Fällung; bei der Hydrolyse entsteht Xylose.

[1] Einige Stärkearten geben mit Jod eine braunrote Färbung.

IV. Hierher gehören die unlöslichen Modifikationen des Gummis, die durch Behandeln mit Alkalien gelöst werden und sich dann im übrigen wie die löslichen Modifikationen verhalten.

Weiter müssen an dieser Stelle einige Membranstoffe, wie Mannan, Pentosane und Hemicellulosen besprochen werden. Doch sei gleich hier erwähnt, daß die Unterscheidung dieser Gruppe und der beiden nächsten durch ihre Löslichkeit in schwachen Alkalien keine absolute Bedeutung hat, da auch die Glieder der nächsten Gruppen ein wenig in schwachen Alkalien löslich sind. Kompliziert wird das Verhalten dieser Körper zu Alkalien noch dadurch, daß sie inkrustierende Substanzen enthalten können, welche sie der Einwirkung des Lösungsmittels entziehen.

Mannan findet sich in vielen Samen und liefert bei der Hydrolyse neben anderen Zuckerarten Mannose, die durch ihr in der Kälte schwer lösliches Hydrazon (s. S. 122) charakterisiert ist. Die unter den Namen Mannan in der Literatur verzeichneten Körper scheinen nicht alle identisch zu sein[1].

Die „Hemicellulosen" sind in 5proz. Natronlauge löslich[2] und werden wie die anderen Glieder dieser und der benachbarten Gruppen aus dieser Lösung durch Zusatz von Salzsäure und Weingeist ausgefällt. Sie sind durch verdünnte Säuren leicht hydrolysierbar und gehen dadurch in Zuckerarten über, unter denen neben Glucose Galaktose, Xylose u. a. sich finden können.

Den Hemicellulosen schließen sich die Pentosane in ihrem allgemeinen Verhalten an. Bei der Hydrolyse liefern sie zunächst Pentosen (evtl. Methylpentosen) und dann größere Mengen von Furfurol und Methylfurfurol, was zu ihrer Identifizierung und quantitativen Bestimmung benützt wird (s. S. 120).

Über die Darstellung eines in heißer 2proz. Kalilauge löslichen Galaktoarabans s. Heiduschka, A. u. Tettenborn, H.: Biochem. Ztschr. **189**, 202, 1927.

V. Die V. Gruppe wird von den Oxycellulosen[3] gebildet, die sowohl bei der Oyxdation der Cellulose entstehen, als auch in den Pflanzen vorkommen. Sie reagieren mit Phenylhydrazinsalzen in kalter Lösung unter Bildung einer gelben Färbung,

---

[1] Über Mannane s. M. Lüdtke, Annal. Chemie 456, 201 (1927).

[2] Manche Hemicellulosen, z. B. die des Weizens, sind nach ihrer Isolierung in heißem Wasser löslich und scheiden sich dann beim Erkalten amorph aus. Der Begriff „Hemicellulose" muß für jeden einzelnen Rohstoff definiert werden (E. Heuser).

[3] Nach K. Heß (Anal. Chem. 455, 214 (1927) hat zwar der Oxycellulosebegriff aus der Cellulose-Chemie auszuscheiden, er wird aber von Nastukoff (Ber. deutsch. chem. Gesellschaft 60, 2591. 1927) aufrechterhalten.

welche beim Erwärmen auf 70° intensiver wird, werden durch fuchsinschweflige Säure rot gefärbt und reduzieren siedende alkalische Kupferlösung. Die Oxycellulosen lösen sich in einer mit Salzsäuregas gesättigten Schwefelsäure vom spez. Gewicht 1,5, die man durch Mischen von 52 cm^3 konzentrierter Schwefelsäure, 23 cm^3 Salzsäure und 25 cm^3 Wasser herstellt.

VI. Die Substanzen, welche nach dem Behandeln der Membranstoffe mit 5proz. Natronlauge zurückbleiben, sind Cellulose und ein Teil des sog. Lignins (außerdem ein Teil der Pentosane).

Die Trennung des Lignins von der Cellulose erfolgt nach Hoffmeister (143) durch Kupferoxyd-Ammoniak, das Schweizersche Reagens[1], welches die Cellulose löst. Durch Abdampfen der Lösung zur Trockne, Entfernung des Kupfers durch salz- und salpetersäurehaltiges Wasser, Waschen des Rückstandes mit Ammoniak, Alkohol und Natronlauge wird die Cellulose, jedoch in unreinem, pentosanhaltigem Zustand, gewonnen.

Eine pentosanfreie Cellulose (Rohfaser) gewinnt man nach dem Königschen (144) Verfahren: 3 g Substanz werden mit 200 cm^3 Glycerin vom spez. Gewicht 1,23, dem 2% konzentrierte Schwefelsäure zugesetzt wurde, versetzt und entweder am Rückflußkühler bei 133—135° gekocht oder in einem Autoklaven bei 137° 1 Stunde lang gedämpft. Die Masse wird nach dem Erkalten mit Wasser versetzt, nochmals aufgekocht, heiß filtriert und mit heißem Wasser, warmem Weingeist und einem erwärmten Gemenge von Äther und Weingeist ausgewaschen, bis das Filtrat farblos abläuft. Durch Behandeln der so erhaltenen Cellulose mit Wasserstoffsuperoxyd und Ammoniak wird das Lignin oxydiert und entfernt[2].

Cellulose löst sich auch in starker Schwefelsäure (z. B. 72proz.) und liefert dann beim Kochen der verdünnten Lösung reichliche Mengen Dextrose (145).

Die Verfahren von Hoffmeister und König können zur quantitativen Bestimmung Anwendung finden.

Das Lignin gibt die Holzstoffreaktionen: Rotfärbung mit Phloroglucin-Salzsäure, Gelbfärbung mit Anilin-Salzsäure.

---

[1] Ein gutes Lösungsmittel für Cellulose ist eine Auflösung von Kupfercarbonat in Ammoniak: eine wässerige Lösung von Kuprisulfat wird mit der berechneten Menge Soda versetzt. Der Niederschlag wird abfiltriert, gut ausgewaschen und in konzentriertem Ammoniak gelöst.

[2] Ost, H. u. Wilkening, L., Chemiker-Zeitg. **94**, 461, 1910; über eine Bestimmung der Cellulose s. a. Fingerling, G. Chemiker-Zeitg. **46**, 917, 1922.

Abtrennung (und Bestimmung) der Cellulose bei Anwesenheit von Mannanen u. dgl. nach M. Lüdtke[1].

10 g des durch Chlordioxyd aufgeschlossenen[2] gepulverten Materials werden in 1-Liter-Stöpselflasche mit 1000 cm³ etwa 25proz. Ammoniak übergossen, dann mit 15 g allmählich eingetragenem Kuprihydroxyd 15 Stunden geschüttelt. In die Suspension wird so lange Kohlensäure eingeleitet, bis Lösung eingetreten ist. Ist der Lösungspunkt durch zuviel Kohlensäure überschritten, so kann er durch Zusatz von Kuprihydroxyd wiederhergestellt werden. Lösung tritt auch auf Zusatz von Ammoncarbonat oder Herabsetzung der Kupfer- und Ammoniakkonzentration ein. Zu der durch Zentrifugieren geklärten Lösung werden 100 cm³ 2-N-Natronlauge in kleinen Anteilen unter Umschütteln zugegeben. Die Kupferalkaliverbindungen der Mannane werden abzentrifugiert und einmal mit Alkali-Ammoniaklösung (im gleichen Verhältnis wie oben) auf der Zentrifuge ausgewaschen. Aus der klar zentrifugierten Lösung, sowie der Waschflüssigkeit wird die Cellulose unter Kühlung mit 50proz. Essigsäure gefällt. Die Fällung wird zentrifugiert, mit 2proz. Essigsäure kupferfrei gewaschen, dann mit Wasser gespült und schließlich mit Methanol und Äther entwässert.

Eiweißstoffe.

Der Reindarstellung der Eiweißstoffe kann in manchen Fällen eine mechanische Trennung derselben von den sie begleitenden Stoffen vorausgehen. So kann die Stärke des Weizenmehles durch Auswaschen entfernt und dadurch von den Eiweißkörpern (dem Kleber) getrennt werden. Die Krystalloide einiger Samen werden gewonnen, indem man sie aus den zerschnittenen Samenkernen mit Äther herausspült, den Äther mitsamt den darin suspendierten Krystalloiden abgießt, die Krystalloide sich absetzen läßt, dann den Äther abzieht, noch mehrmals mit Äther wäscht und die letzten bei den Krystallen verbliebenen Anteile des Äthers durch vorsichtiges Verdunsten entfernt. In ähnlicher Weise kann auch Öl oder ein Gemenge von Öl und Petroläther angewendet werden, wobei das Öl mit Äther oder Petroläther wieder ausgewaschen wird.

Die Untersuchung der pflanzlichen Eiweißstoffe, sowohl der auf obige Weise gewonnenen, als auch der noch nicht aus den

[1] Annal. d. Chem. **456**. 201, 1927.

[2] Über den Aufschluß mit Chlordioxyd s. Schmidt E. und Graumann, Ber. deutsch. chem. Ges. **54**, 1860, 1921; Schmidt, E. und Malyoth, ebenda **57**, 1835, 1924; Lüdtke M. l.c. S. 208.

Pflanzenteilen isolierten, beruht auf der Anwendung derselben Extraktions- und Fällungsmittel, die auch bei der Darstellung der entsprechenden aus tierischen Organen gewonnenen Eiweißstoffe benützt werden unter Vermeidung stark wirkender Agentien, welche den ursprünglichen Zustand der ohnehin leicht zu Veränderungen neigenden Eiweißstoffe angreifen könnten.

Zur Extraktion dienen: Wasser, Kochsalzlösungen verschiedener Stärke (5—10proz.), verdünnte Sodalösung (ca. 1proz.) verdünnte Ätzalkalien (0,1—1proz.) und Weingeist (40—80proz.).

Welche Eiweißstoffe mit diesen Flüssigkeiten in Lösung gehen, zeigt folgende Übersicht:

In Wasser löslich: Pflanzenalbumine.

In Wasser unlöslich, löslich in Salzlösungen: Pflanzenglobuline.

In 70—80proz. Weingeist löslich: Stoffe von der Art des Gliadins.

In neutralen Lösungsmitteln unlöslich, löslich in Alkalien und daraus durch Säuren fällbar; phosphorhaltig: „Pflanzencaseine."

Die gebräuchlichsten Fällungsmethoden sind folgende: Die Eiweißstoffe können aus ihren wässerigen und salzigen Lösungen durch Kochen, Versetzen mit Weingeist, Aussalzen mit Ammoniumsulfat, Magnesiumsulfat und anderen Salzen oder Gemengen dieser Salze, manchmal auch durch schwache Säuren wie Essigsäure abgeschieden werden. Die globulinartigen Eiweißstoffe werden außerdem aus ihren Kochsalzlösungen durch Verdünnen mit Wasser oder Dialyse gefällt. Aus schwach weingeistigen Lösungen kann man das Eiweiß durch starken Weingeist, aus Lösungen in diesem durch Äther fällen.

Die ausgefällten Eiweißstoffe wäscht man meistens mit Weingeist und Äther, die in Weingeist löslichen mit Äther aus und trocknet sie im Vakuum über Schwefelsäure.

Das Verhalten der Eiweißstoffe gegen Extraktions- und Fällungsmittel ist neben ihren chemischen Eigenschaften für ihre Zuteilung zu den bis jetzt aufgestellten Gruppen von Eiweißkörpern entscheidend. Sie haben jedoch die Eigentümlichkeit ihre physikalischen Eigenschaften zu ändern, ohne daß damit eine Veränderung ihrer elementaren Zusammensetzung verbunden sein muß. Solche Veränderungen können schon eintreten, wenn Eiweiß längere Zeit der Einwirkung von Wasser oder Weingeist ausgesetzt ist, noch mehr, wenn es mit (sei es auch schwachen) Säuren oder Alkalien behandelt wird.

Diese Veränderungen bestehen insbesondere darin, daß sie ihre Löslichkeit in Wasser oder Salzlösung einbüßen. Außerdem sind die Eiweißstoffe leicht der Fäulnis ausgesetzt. Einer derar tigen Zersetzung kann man dadurch vorbeugen, daß man die Arbeiten bei niederer Temperatur vornimmt oder den Lösungen konservierende Mittel wie Thymol oder Chloroform zusetzt.

Wären die Pflanzen frei von löslichen Salzen, so würden bei der Extraktion mit Wasser Albumine und Albumosen in Lösung gehen. Da aber die Pflanzen immer wasserlösliche Salze enthalten, so extrahiert man auch bei Anwendung reinen Wassers mit einer wenn auch sehr verdünnten Salzlösung. In einer solchen ist aber auch ein Teil der Globuline löslich. Weiterhin ist zu berücksichtigen, daß die Pflanzenauszüge vielfach sauer reagieren, was aus den oben erörterten Gründen für die Eiweißstoffe nachteilig sein kann. Eine Neutralisation der Auszüge ist deshalb notwendig. Sie kann durch sehr verdünntes Alkali oder kohlensaures Alkali, besser durch kohlensaure Magnesia erfolgen. Unter Berücksichtigung dieser Tatsachen kann die Untersuchung folgendermaßen vorgenommen werden:

Man ziehe den zu untersuchenden Pflanzenteil nach Zusatz einer zur Neutralisation genügenden Menge von kohlensaurer Magnesia mit 5—10proz. Kochsalzlösung aus. Einen Teil des damit erschöpften Materials behandle man mit einer auf 60° erwärmten Kochsalzlösung und beobachte, ob beim Erkalten Ausscheidungen von Eiweiß eintreten. Die kaltbereitete Kochsalzlösung läßt bei der Sättigung mit Kochsalz manche Eiweißstoffe ausfallen. Eine andere Trennung der in der Salzlösung vorhandenen Globuline kann durch fraktionierte Dialyse erfolgen und eine dritte durch die fraktionierte Gerinnung beim Erwärmen.

In der Regel wird man zunächst fraktioniert dialysieren[1]. Man trennt die Globuline, welche sich aus der durch die Dialyse allmählich salzarmer werdenden Lösung zuerst abscheiden, von der Flüssigkeit ab, dialysiert diese aufs neue usw., bis kein Globulin sich mehr ausscheidet oder die dialysierende Flüssigkeit völlig salzfrei ist.

Die Fraktionen der abgeschiedenen Globuline löst man jede für sich in 10proz. Kochsalzlösung und erwärmt vorsichtig, indem man die Eiweißlösung in ein Gefäß mit Wasser stellt, welches seinerseits in dem ebenfalls Wasser enthaltenden zu erwärmenden Gefäße sich befindet. Die bei einer Temperatur ausfallenden Eiweißstoffe filtriert man ab, erhitzt weiter, filtriert abermals ausfallendes Eiweiß wieder ab und so fort bis zum Siedepunkt des Wassers. Außerdem kann man versuchen, ob man nicht aus der

[1] Die äußere Flüssigkeit ist auf Albumosen zu untersuchen, da diese in geringem Maße diffundieren.

Globulinlösung durch fraktionierte Anwendung von Magnesiumsulfat, Ammoniumsulfat oder Gemengen dieser und ähnlicher Salze verschiedene Eiweißstoffe isolieren kann. Jede so gewonnene Fällung wird durch die Dialyse von den Salzen befreit und dann weiter mit Weingeist, wie oben angegeben, behandelt.

Ob in der von den Globulinen befreiten Flüssigkeit sich noch Eiweiß befindet, wird man zunächst durch die allgemeinen Eiweißreaktionen (s. S. 33) feststellen. Wird die Flüssigkeit durch die Biuretreaktion rot, so kann dies auf einen Gehalt von Albumosen hindeuten, welche neben Albuminen sich noch in der Flüssigkeit vorfinden können. Letztere werden außer durch Kochen durch Kochsalz oder Magnesiumsulfat bei saurer Reaktion aus der Flüssigkeit abgeschieden. Die dann noch in Lösung befindlichen Albumosen können aus der sauer reagierenden Flüssigkeit durch Zinksulfat oder Ammoniumsulfat ausgefällt werden.

Nach der Extraktion mit Salzlösung kann man versuchen, mit Weingeist auszuziehen, da es gerade unter den pflanzlichen Eiweißstoffen mehrere in Weingeist lösliche gibt. Man wende zunächst Weingeist von 35—40% und dann 75—80proz. an. Der mit schwachem Weingeist bereitete Auszug kann sowohl bei der Konzentration durch Eindampfen, als auch bei der Behandlung mit starkem Weingeist Niederschläge von Eiweiß geben. Auch der in starkem Weingeist gelöste Eiweißstoff kann evtl. durch Konzentration zum Ausfallen gebracht werden, ebenso durch Fällung mit Äther. Sind weingeistlösliche Eiweißstoffe aufgefunden worden, so wird man versuchen, das Material zuerst mit Weingeist auszuziehen, da durch die Behandlung mit Kochsalzlösung das Eiweiß teilweise seine Löslichkeit in Weingeist verlieren kann.

Als nächstes Extraktionsmittel kann 1proz. Sodalösung verwendet werden. Sie löst manche unlöslich gewordenen Eiweißstoffe, besonders Globuline, auf und läßt sie nach der Neutralisation mit schwachen Säuren, auch schon durch Einleiten von Kohlensäure ausfallen.

Zuletzt kann man noch mit schwacher (0,1—0,2proz.) Kalilauge ausziehen und das gelöste Eiweiß ebenfalls durch Neutralisation mit Säuren zum Ausfällen bringen.

Einige pflanzliche Eiweißstoffe können in krystallisiertem Zustande erhalten werden. Manche Globuline krystallisieren, wenn ihre Kochsalzlösung dialysiert wird. Andere krystallisieren beim Abkühlen ihrer warm bereiteten Lösung aus. Schmiedeberg (146) läßt das abgeschiedene Eiweiß in feuchtem Zustand mit einem Überschuß von gebrannter Magnesia und mit Wasser von 30—35° behandeln. Die abfiltrierte Flüssigkeit scheidet

Krystalle ab, wenn sie bei einer konstanten Temperatur von 30 bis 35° eingedampft wird. Noch besser entstehen die Krystalle, wenn man nach Drechsel (147) das die Magnesiaverbindung enthaltende Filtrat in einen Dialysator gibt und diesen in absoluten Alkohol setzt, wodurch der Lösung das Wasser langsam entzogen wird.

Hofmeister erhielt krystallisierte Albumine durch langsames Verdunstenlassen ihrer Lösung in halbgesättigter Ammonsulfatlösung (148).

Zur eingehenden Untersuchung der Eiweißstoffe ist es nötig, sie zu hydrolysieren. Näheres darüber bei Fischer, E., Ber. d. Dtsch. Chem. Ges. **34**, 433, 1901; **39**, 530, 1906. Fischer, E., Untersuchungen über Aminosäuren, Polypeptide und Proteine (Berlin 1906). Donald D. van Slyke, Ber. d. Dtsch. Chem. Ges. **44**, 164, 1911.

Zur Trennung der α-Aminosäuren destilliert E. Cherbuliez die Acetylderivate ihrer Äthylester bei 1 mm Druck (148a).

Über die Aufspaltung von Eiweißstoffen mittels Enzymen s. die Arbeiten von E. Waldschmidt-Leitz und Mitarbeitern u. a. Zeitschr. f. physiol. Chem. **151**, 31; 156, 68; Ber. deutsch. chem. Gesellsch. **59**, 3000, 1926; **60**, 359, 1927; die Naturwissenschaften **14**, 129, 1926. Vgl. ferner Waldschmidt-Leitz, E. u. Schäffner, A.: Adsorptionsanalyse der Proteine und ihrer Abbauprodukte, Ber. deutsch. chem. Gesellsch. **60**, 1147, 1927.

Nachweis von Histidin am Eiweißkomplex (H. Brunswik) (149).

Ist die Diazoreaktion (hervorgerufen durch Tyrosin und Histidin) positiv, so erwärmt man eine Probe mit 20—50proz. Salpetersäure, setzt festes Natriumcarbonat allmählich bis zur alkalischen Reaktion hinzu und teilt die Probe in zwei Teile. Die eine prüft man mit Millons Reagens, die andere mit dem frisch bereiteten Diazoreagens nach Pauly[1]. Fällt die erste Reaktion verneinend, die zweite bejahend aus, so ist Histidin nachgewiesen.

Das Verfahren beruht darauf, daß nitriertes Tyrosin im Gegensatz zum unveränderten die Reaktion von Millon und die Diazoreaktion nicht mehr gibt, während Histidin gegen vorsichtige Nitrierung unempfindlich ist.

[1] 2 g Sulfanilsäure aufgeschwemmt in 3 cm³ Wasser und 2 cm³ Salzsäure werden allmählich mit einer Lösung von 1 g Natriumnitrit in 2 cm³ Wasser versetzt. Die ausgeschiedene Diazobenzolsulfosäure wird abfiltriert und mit wenig Wasser nachgewaschen. Verwendung in sodaalkalischer Lösung.

Die quantitative Bestimmung der Eiweißkörper führt man am besten durch, indem man ihre Darstellung in quantitativer Weise ausführt. Die in der Nahrungsmittelchemie viel benützte Methode, den Stickstoff nach Kjeldahl zu bestimmen und aus dem Gehalt an Stickstoff durch Multiplikation mit einem Faktor (gewöhnlich 6,25) die Menge des vorhandenen Eiweißes zu berechnen, führt selten zu einem genauen Resultat, auch dann nicht, wenn man nach dem Stutzerschen Verfahren die Eiweißstoffe durch Kupferhydroxyd von den übrigen stickstoffhaltigen Körpern trennte.

Spaltungsprodukte der Eiweißstoffe.

Als Spaltungsprodukte der Eiweißstoffe kommen einige Stickstoff enthaltende Körper, Aminosäuren und deren Amide, in den Pflanzen vor, vor allem in keimenden Samen. Erwähnt seien zunächst Leucin, Tyrosin, Arginin, Glutaminsäure und Asparaginsäure resp. Glutamin und Asparagin.

Zur Darstellung dieser Substanzen (150) zieht man die zerkleinerten Pflanzenteile mit schwach erwärmten Wasser aus, reinigt den Auszug (unter Vermeidung eines Überschusses) mit Bleiessig und fällt aus dem Filtrat durch eine Lösung von Mercurinitrat Asparagin, Glutamin, Arginin und Tyrosin aus. Der Niederschlag wird durch Schwefelwasserstoff zersetzt und das Filtrat nach der Neutralisation mit Ammoniak bei einer Temperatur von 50—60^0 eingedunstet. Die Flüssigkeit wird durch Zusatz einiger Tropfen Ammoncarbonatlösung neutral gehalten. Die eingedunstete Lösung scheidet beim Stehen im Vakuum die Krystalle ab (die des Arginins als Nitrat). Durch Aufnehmen in wenig kaltem Wasser trennt man das in Wasser schwer lösliche Tyrosin von den anderen Körpern, aus deren Lösung man das Arginin durch Phosphorwolframsäure fällt. Glutamin und Asparagin trennt man dadurch, daß man sie mit wenig kaltem Wasser, in dem Asparagin schwerer löslich ist als Glutamin, aufnimmt, die Lösung zur Krystallisation eindunstet und mit der Mutterlauge die feinen Nadeln des Glutamins von den körnigen Krystallen des Asparagins abschlämmt.

Asparagin und Glutamin lösen Kupferhydroxyd in der Wärme; beim Erkalten scheiden sich schwer lösliche Kupferverbindungen ab.

Glutaminsäure läßt sich von anderen Stoffen und besonders von Asparaginsäure durch ihr Zinksalz trennen, das im Gegensatz zu dem der Asparaginsäure in Wasser schwer löslich ist.

Leucin wird in genügend verdünnter Lösung durch Mercurinitrat nicht gefällt und kann durch Abdunsten des Filtrats, das man vorher mit Schwefelwasserstoff behandelt hatte, erhalten werden. Durch Auflösen in Alkohol trennt man das Leucin vom Tyrosin, wenn letzteres nicht vollständig durch das Mercurinitrat gefällt wurde.

Leucin und Tyrosin lassen sich ferner durch ein Gemisch von Eisessig und 95proz. Alkohol trennen, mit dem die Körper bis zum beginnenden Sieden erhitzt werden; Leucin geht in Lösung (151).

Neben diesen Substanzen kommen noch Lysin und Histidin in Betracht. Lysin und Histidin finden sich neben Arginin in dem durch Phosphorwolframsäure erzeugbaren Niederschlag. Man zersetzt ihn durch Barythydrat und gibt zu dem durch Kohlensäure vom Barium befreiten Filtrat eine konzentrierte Lösung von Quecksilberchlorid (152), bis saure Reaktion eintritt. Durch Zerlegung des so entstandenen Niederschlags mit Schwefelwasserstoff wird das Histidin als Hydrochlorid gewonnen. Das Filtrat vom Quecksilberniederschlag wird ebenfalls mit Schwefelwasserstoff behandelt und die vom Quecksilber befreite Flüssigkeit nach der durch Abdampfen erfolgten Beseitigung des Schwefelwasserstoff mit soviel Silbersulfat versetzt, daß eine Probe derselben in Natronlauge eine gelbe Färbung hervorruft. Dann fällt man die vom Chlorsilber abfiltrierte Flüssigkeit durch Ätzbaryt und gewinnt aus dem Niederschlag das Arginin durch Schwefelwasserstoff. Das Filtrat der Argininfällung wird mit Schwefelsäure angesäuert und durch Schwefelwasserstoff vom Silber befreit. Die vom Bariumsulfat und Schwefelsilber abfiltrierte Flüssigkeit wird durch Baryt genau ausgefällt und das Filtrat zur Krystallisation des durch ein schwer lösliches Pikrat ausgezeichneten Lysins eingedampft.

Zur Isolierung des Arginins versetzen A. Kossel und R. E. Groß (153) das durch Kochen mit 33-volumprozentiger Schwefelsäure erhaltene Eiweiß-Hydrolysat, aus dem der größte Teil der Säure durch Kalk oder Baryt entfernt ist, mit einer wässerigen Lösung von Flaviansäure = 1-Naphthol-2,4-dinitro-7-sulfonsäure (etwa 4 Teile Säure auf 1 Teil der zu erwartenden Argininmenge). Durch häufiges Umrühren, besonders in den ersten Stunden nach Zusatz des Fällungsmittels, verhindert man die Bildung harter Krystallkrusten, welche das Auswaschen des Niederschlags erschweren.

Man läßt die Flüssigkeit drei Tage an einem kühlen Ort stehen und saugt dann die ausgeschiedene Krystallmasse ab.

Über die Reinigung des Niederschlags und seine Überführung in das Carbonat s. die Originalarbeit.

Zur Trennung von Histidin und Arginin wird die schwach schwefelsaure Lösung mit heißer gesättigter Silbersulfatlösung im Überschuß versetzt und die Lösung mit kalt gesättigter Ätzbarytlösung auf pH 7,0 (6,8—7,2) gebracht, wodurch Silber-Histidin ausfällt. Der Niederschlag wird in heißem Wasser mit wenig Salzsäure versetzt und die Fällung als Silbersalz wiederholt. Die vereinigten Filtrate werden zur Ausfällung des Arginins im Vakuum auf etwa das $1^1/_2$fache des Ausgangsvolumens eingeengt und die Lösung mit warm gesättigtem Ätzbaryt auf pH 10—11 gebracht (153a).

Über die Trennung von Aminosäuren vgl. außerdem Kossel, A. und Edlbacher, J. Zeitschr. f. physiol. Chemie **110**, 241, 1920.

Mikrochemische Charakterisierung der wichtigsten α-Monoaminosäuren nach O. Werner (154).

Man prüft zunächst mit Ninhydrin und der Fällung mit Mercuriacetat und Soda, ob eine Aminosäure vorliegt. Zur Ninhydrinprobe erhitzt man in einem Reagensglas die wässerige Lösung von ein wenig Substanz und einigen Tropfen einer Lösung von 0,1 g Ninhydrin in 40 cm^3 Wasser. Bei bejahendem Ausfall färbt sich die Flüssigkeit blau. Zur Ausführung der zweiten Reaktion löst man auf einem Objektträger ein wenig Substanz in einem größeren Tropfen 10proz. wässeriger Sodalösung und gibt ein sehr kleines Tröpfchen 25proz. Mercuriacetatlösung hinzu. Bei Anwesenheit einer Aminosäure geht die körnelige Fällung von Gelb in Weiß, bei deren Fehlen von Gelb in Rotorange über. Die erste Probe ist empfindlicher als die zweite.

Die als Aminosäure erkannte Substanz wird dann der Vakuumsublimation unterworfen (es genügt 0,5 mg), wozu ein besonderer Apparat dient.

Zur ferneren Erkennung und Auseinanderhaltung der Aminosäuren dient das Fällungsvermögen von Phosphorwolframsäure und die Darstellung der Kupfersalze, sowie die Bestimmung des Lösungsvermögens der Substanzen für Asparaginkupfer.

Näheres s. Mikrochemie **1**, 33, 1923.

Proteinogene Amine[1]

(einschl. Cholin und Acetylcholin).

Die proteinogenen Amine sind z. T. flüchtig, z. T. nichtflüchtig. Erstere werden nach Zusatz von Alkalien mit Wasserdämpfen

[1] Unter proteinogenen Aminen versteht man solche Amine, die durch CO_2-Abspaltung aus den Aminosäuren, den Bausteinen der Proteine hervor-

übergetrieben. Das Destillat wird dann entweder nach Zusatz von Salzsäure eingedampft und es werden die Basen dann aus der konzentrierten Lösung als Chloroaurate oder Chloroplatinate ausgeschieden oder man setzt Weinsäure oder Oxalsäure zu und gewinnt die Basen als Bitartrate oder Bioxalate, letzteres z. B. bei dem Isoamylamin. Die nichtflüchtigen Basen werden aus den wässerigen Auszügen meist durch Fällung mit Metallsalzen gewonnen, seltener durch Ausschütteln aus alkalischer Lösung. Näheres ist aus dem Folgenden zu ersehen, in dem die Gewinnungsverfahren für p-Oxyphenyläthylamin, Imidazolyläthylamin, Cholin und Acetylcholin geschildert sind.

Das p-Oxyphenyläthylamin (Tyramin) wurde von Barger (155) aus Mutterkorn in folgender Weise gewonnen: Der im Vakuum auf 375 cm^3 konzentrierte wässerige Auszug von 1,5 kg Mutterkorn wurde nach Zusatz von Natriumcarbonat zehnmal mit 150 cm^3 Amylalkohol ausgezogen; nach dem Einengen auf 200 cm^3 wurde die amylalkoholische Lösung zehnmal mit 30 cm^3 1 proz. wässeriger Natronlauge ausgeschüttelt. Die alkalische wässerige Lösung wurde mit Salzsäure neutralisiert und eingedampft. Der Rückstand wurde mit 250 cm^3 Weingeist aufgenommen und die Lösung mit etwa 10 cm^3 einer gesättigten weingeistigen Quecksilberchloridlösung versetzt, bis eine sofortige Fällung nicht mehr eintrat. Das Filtrat wurde erst durch Einengen, dann durch Wasserdampfdestillation vom Weingeist befreit; die filtrierte wässerige Lösung wurde mit Schwefelwasserstoff behandelt und nach Abfiltration des Quecksilbersulfids auf 30 cm^3 eingeengt. Diese Lösung wurde nach Alkalisierung mit $^n/_2$-Natronlauge zehnmal mit $^1/_2$ Raumteil Äther ausgeschüttelt.

Die wässerige Lösung wurde mit verdünnter Salzsäure neutralisiert, mit wenig Soda alkalisch gemacht und zehnmal mit $^1/_2$ Raumteil Äther ausgeschüttelt, der jetzt das p-Oxyphenyläthylamin aufnimmt und beim Verdunsten zurückläßt. Zur Reinigung kann man es noch in die Dibenzoylverbindung (Schmelzpunkt 170°) überführen, indem man die mit Natronlauge alkalisch gemachte Lösung mit Benzoylchlorid versetzt. Die Benzoylverbindung kann aus Weingeist umkrystallisiert und durch Kochen mit starker Salzsäure wieder gespalten werden.

Das p-Oxyphenyläthylamin $C_6H_4\langle^{OH\ (1)}_{CH_2 \cdot CH_2 \cdot NH_2\ (4)}$ bildet hexagonale Blättchen (Smp. 161°), welche Rotfärbung mit Millons Reagens geben.

gehen. Weiteres über diese Körpergruppe s. Guggenheim, M., Die biogenen Amine 2. Aufl. Berlin: Julius Springer 1924.

Mikrochemische Reaktionen des p-Oxyphenyläthylamins und β-Imidazolyläthylamins s. Itallie, L. van und Steenhauer, A. J. Mikrochemie III, 65, 1925.

Zur Gewinnung des Imidazolyläthylamins (Histamin) verfuhren Barger und Dale (156) in folgender Weise:

500 cm³ eines dialysierten Mutterkornextrakts wurden mit ebensoviel 20proz. Tanninlösung versetzt. Die über der Fällung stehende klare Lösung wurde dekantiert und mit Barytwasser vom Tannin befreit. Aus dem Filtrat hiervon wurde das überschüssige Baryt durch Schwefelsäure gefällt und die letzten Spuren von Tannin und Schwefelsäure mit frisch gefälltem Bleihydroxyd beseitigt. Das Filtrat wurde auf 30 cm³ eingeengt, mit Phosphorsäure angesäuert und mit 4 cm³ 20proz. Silbernitratlösung versetzt. Nach abermaliger Filtration wurde noch Silbernitratlösung (150 cm³) zugesetzt, bis ein Tropfen der Lösung mit Bariumhydroxyd braunes Silberoxyd gab. Die Lösung wurde dann mit soviel Ätzbaryt versetzt, bis eine filtrierte Probe mit ammoniakalischem Silbernitrat nur eine schwache Opalescenz gab. Der Niederschlag wurde abfiltriert, gewaschen, in verdünnter Schwefelsäure angeschwemmt und mit Schwefelwasserstoff zersetzt. Aus dem Filtrat wurde der Schwefelwasserstoff vertrieben. Dann wurde neutralisiert, eingedampft und der Rückstand mehrmals mit warmem Alkohol ausgezogen. Der Verdunstungsrückstand der alkoholischen Lösung wurde in wenig Wasser gelöst und die Lösung mit einer warm gesättigten wässerigen Pikrinsäurelösung versetzt. Nach einigen Tagen schied sich das Pikrat aus und wurde aus Wasser umkrystallisiert. Es bildet dunkelgelbe rhombische Platten, die bei 234—235° unter Zersetzung schmelzen.

Das freie Imidazolyläthylamin 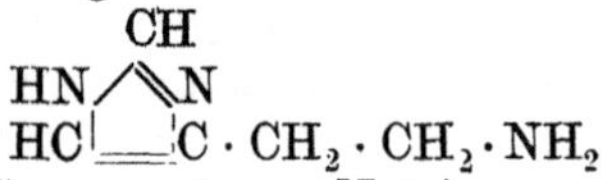

gibt mit Diazobenzolsulfosäure bei Gegenwart von Natriumcarbonat Rotfärbung.

Gewinnung von Cholin und Acetylcholin.

a) Nach Ewins (157) wiedergegeben nach Boruttau und Cappenberg (158).

1500 g Fluidextrakt 1 : 1 wurden im Vakuum auf 400 cm³ eingedampft und mit wässeriger Quecksilberchloridlösung (1 : 16)[1]

[1] Die proteinogenen Amine fallen vollständiger aus, wenn man mit der Quecksilberchloridlösung eine gesättigte Lösung von Natriumacetat zusetzt (Engeland und Kutscher).

versetzt, bis kein Niederschlag mehr ausfiel. Das Filtrat wurde mit Schwefelwasserstoff von überschüssigem Quecksilber befreit, das Filtrat vom Schwefelquecksilber mit so viel Sodalösung versetzt, daß es schwach sauer blieb und im Vakuum zu einem dünnen Extrakt eingedampft. Dieses wurde in 94proz. Weingeist eingegossen und der Niederschlag nach 12stündigem Stehen abfiltriert. Das weingeistige Filtrat nebst Waschweingeist wurde abdestilliert, der Rückstand im Vakuum getrocknet und in 50 cm^3 Methanol gelöst (ein hierbei verbleibender Rückstand wird nach Auswaschen mit Methanol durch Abfiltrieren entfernt). Die methanolische Lösung wurde mit 300 g absolutem Alkohol gefällt. Zum Filtrat von diesem Niederschlag wurde weingeistige Quecksilberchloridlösung (1 + 3) gegeben. Nach mehrtägigem Stehen wurde der Quecksilberniederschlag abfiltriert, getrocknet, fein zerrieben und mit je 150 cm^3 heißem Wasser viermal ausgelaugt, der Rückstand durch Filtration entfernt. Das nach dem Erkalten nochmals filtrierte Filtrat wurde im Wasserbad bis auf 40 cm^3 eingeengt. Die dabei entstandene krystallinische Fällung wurde nach dem Abkühlen abfiltriert, getrocknet, mit Wasser nach feinem Zerreiben gut aufgeschlämmt und mit Schwefelwasserstoff zersetzt (mehrmals zu wiederholen). Filtrate und Waschwässer wurden im Luftstrom vom Schwefelwasserstoff befreit und die stark saure Lösung mit frischgefälltem Silbercarbonat bis zur Chlorfreiheit des Filtrates behandelt. Der Silberüberschuß wurde aus dem Filtrat durch Schwefelwasserstoff entfernt, letzterer mit Luft verjagt, die schwach alkalische Lösung mit Weinsäurelösung neutralisiert und eine der dazu nötigen gleiche Menge Weinsäure zugefügt.

Die so erhaltene schwach saure Lösung wurde im Vakuum bei 60—70^0 zur Trockne gebracht und der Rückstand mit absolutem Alkohol erschöpft. Das alkoholische Filtrat wurde auf 15 cm^3 eingeengt und 2 Tage stehen gelassen; das ausgeschiedene saure weinsaure Cholin wurde abfiltriert. Das alkoholische Filtrat vom weinsauren Cholin wurde nach Konzentrierung bei 40—50^0 mit weingeistiger Platinchloridlösung ausgefällt. Die Fällung wurde bei 30—40^0 mit 70proz. Weingeist ausgelaugt, in dem die Acetylcholinverbindung im Gegensatz zu der des Cholins gut löslich ist. Durch Abdunsten bei 30—40^0 wurde das Acetylcholinchloroplatinat (wenig gefärbte, rechtwinklig gekreuzte nadelförmige Krystalle) gewonnen. Der Rückstand der Alkoholauslaugung, der noch bedeutende Mengen Cholinchloroplatinat enthielt, wurde zu dessen Gewinnung aus wenig Wasser durch Fällung mit der dreifachen Raummenge Weingeist umkrystallisiert.

b) Nach Boruttau und Cappenberg (158).

30 cm³ Fluidextrakt 1 : 1 werden mit 70 cm³ 95proz. Weingeist gemischt und die Mischung mit 1 proz. weingeistiger Platinchloridlösung völlig ausgefällt. Die Fällung wird nach 1—2tägigem Stehen abfiltriert, auf dem Filter getrocknet und erst mit wenig kaltem Wasser ausgelaugt, welches das Cholinchloroplatinat löst, die Acetylcholinverbindung ungelöst läßt. Man gewinnt letztere, indem man den Rückstand in Wasser löst und vorsichtig eindunstet. Aus dem Filtrat, welches das Cholinchloroplatinat gelöst enthält, kann man dieses wiederum durch Weingeist fällen.

Cholin $(CH_3)_3 \cdot N(OH) \cdot CH_2 \cdot CH_2 \cdot OH$. Stark alkalischreagierender Sirup. Gibt beim Erhitzen mit Kalilauge Trimethylamin. Gibt krystallinische Fällungen u. a. mit Quecksilberchlorid, Kaliumwismutjodid, Pikrinsäure und Pikrolonsäure.

Dampft man eine verdünnte Cholinperchloratlösung (ca. 0,1 g in 50 cm³ Wasser) mit 2 cm³ reiner 65proz. Salpetersäure auf dem Wasserbad ein und löst den Rückstand in wenig Wasser, so krystallisiert nach Zusatz von einigen Tropfen verdünnter Perchlorsäure das Perchlorat des Cholin-Salpetersäureesters in atlasglänzenden großen Blättern (159).

Acetylcholin $(CH_3)_3 N \cdot (OH) \cdot CH_2 \cdot CH_2 \cdot O \cdot COCH_3$. Gibt krystallinische Fällungen mit Goldchlorid (Körner oder zu Warzen vereinigte Prismen oder baumartig verzweigte Nadeln) und Platinchlorid (nadelförmige Krystalle in rudimentären Kreuzen oder Kamm- und Nadelformen).

Enzyme.

a) **Nachweis.**

Der Nachweis eines pflanzlichen Enzymes gilt dann als erbracht, wenn bei bestimmten Reaktionen der Umsatz mit dem aus einer Pflanze dargestellten Auszug oder Präparat wesentlich größer ist, als bei stöchiometrischem Verhältnis zwischen Enzymmenge und reagierendem Körper zu erwarten wäre, und wenn diese Wirkung durch Erhitzen aufgehoben wird. Häufig begnügt man sich damit nur letztere Eigenschaft zur Kontrolle festzustellen.

Die Ansätze sind aseptisch zu behandeln, oder mit einem Antiseptikum (Toluol, Thymol) zu versetzen und wenn möglich auf optimales pH einzustellen.

1. Enzyme, welche Kohlenhydrate oder Glucoside spalten.

Da die Spaltung der Kohlenhydrate und Glucoside Hand in Hand geht mit Veränderungen der Polarisation und wohl immer auch mit der Entstehung reduzierender Zucker, so wird man zur Prüfung den Polarisationsapparat und die Bestimmung der Zucker heranziehen (vgl. S. 118). Man prüft u. a. auf Saccharase durch die Einwirkung auf Rohrzucker, auf Maltase durch die auf Maltose, auf β-Glucosidase mit β-Methylglucosid oder Salizin, auf α-Glucosidase mit α-Methylglucosid, auf Myrosinase (Myrosin) mit Sinigrin usw. In letzterem Fall kann man auch den Nachweis des Senföls heranziehen.

Zur Prüfung auf Amylase (Diastase) bringt man 10 cm^3 der zu prüfenden Lösung mit 1 cm^3 einer 1proz. Lösung von löslicher Stärke in ein Wasserbad von 45^0. Nach frühestens einer Stunde setzt man 1 cm^3 Jodjodkaliumlösung (1 : 2 : 300) hinzu und schüttelt um. Tritt keine Blaufärbung ein, so war Amylase vorhanden.

2. Enzyme, welche Ester spalten (Esterasen).

Zur Ermittlung von esterspaltenden Enzymen bringt man das auf das Enzym zu untersuchende Präparat (oder den zerkleinerten Pflanzenteil) mit einem Ester zusammen, der entweder gelöst oder emulgiert sein soll und bestimmt die frei werdende Säure.

Zur Prüfung auf fettspaltende Enzyme (Lipasen) schüttelt man mit 2,5 g Olivenöl und 2 cm^3 Azetatpuffer (pH = 4,7) 3 Minuten zusammen; dann läßt man einige Zeit im Brutschrank. Titration nach Zusatz von 30 cm^3 96proz. Weingeist und 15 cm^3 Äther mit weingeistiger $N/_{10}$-Kalilauge (Willstätter) (160). Kontrollversuch ohne das Enzym. Der Acetatpuffer besteht aus gleichen Raumteilen $N/_2$-Essigsäure und $N/_2$-Ammoniumacetat.

Handelt es sich nicht um den Nachweis von Lipasen, so wendet man andere Ester an, etwa Buttersäureäthylester oder Baldriansäureamylester. Auf Esterasen, welche Phenolester spalten, prüft man mit Guajakolcarbonat und Peroxydase (aus Weizenkleie). Bei bejahendem Ausfall entsteht eine rote Lösung, da das frei gewordene Guajakol durch die Peroxydase zu Tetraguajakolchinon oxydiert wird.

3. Proteolytische Enzyme (Proteasen).

1. Man bringt geronnenes und zerkleinertes Eiweiß mit der Enzymlösung in eine Diffusionshülse und dialysiert gegen 20 cm^3 Wasser 12—16 Stunden bei 37^0 im Brutschrank, nachdem man Außen- und Hülsenflüssigkeit mit Toluol überschichtet hat. Zu 10 cm^3 Dialysat gibt man 0,2 cm^3 einer 1proz. wässerigen Lösung von Triketohydrindenhydrat (Ninhydrin). Man erhitzt und läßt 1 Minute kochen. Bei bejahendem Ausfall tritt Blaufärbung ein. (Abderhalden) (161).

2. Eine Petrischale wird etwa $^1/_2$ cm hoch mit Rinder- oder Pferdeserum gefüllt und in einen Trockenschrank von etwa 70° gestellt, bis es vollkommen erstarrt ist. Von der möglichst neutralen Enzymlösung bringt man einzelne Tropfen auf die Platte und beläßt 24 Stunden bei 50°. Bei bejahendem Ausfall hat jeder Tropfen eine Delle erzeugt (Müller-Jachmann) (162).

3. Man prüft auf die entstandenen Produkte saurer Natur durch Titration mit Alkali bei Gegenwart von Weingeist. Näheres darüber s. Willstätter, R. und Waldschmidt-Leitz, E. Ber. Deutsch. Chem. Gesellsch. 54, 2988, 1921.

Labferment (Chymase, Chymosin) gilt als nachgewiesen, wenn die Lösung Milch zum Gerinnen bringt. Als Antiseptikum hat sich Senföl bewährt.

4. Amidasen.

Urease weist man nach, indem man die Lösung des Präparats oder das Pflanzenpulver auf eine mit Phenolphthalein versetzte 1 proz. Harnstofflösung einwirken läßt. Der Nachweis ist erbracht, wenn die Flüssigkeit sich rot färbt. Optimales pH = ca. 7,3.

Man kann auch nach einiger Zeit mit Soda alkalisch machen und den entstandenen Ammoniak mit Hilfe eines kräftigen Luftstromes (Aeration) in eine angesäuertes Wasser enthaltende Waschflasche überführen und ihn hier — etwa mit Neßlers Reagens — nachweisen.

Über den Nachweis von Adenase und Guanase s. Woker, G.: Die Katalyse (Stuttgart, F. Enke, 1924) II. Teil, 1. Hälfte, S. 443, über den von Nuclease ebenda, S. 453.

5. Katalase.

Man läßt auf eine säurefreie, etwa 3 proz. Lösung von Wasserstoffperoxyd einwirken, die man sich durch Verdünnung von Perhydrol dargestellt hat. Entwicklung von Sauerstoff — die oft stürmisch verläuft — zeigt die Gegenwart von Katalase an. Meistens genügt es, den Versuch im Reagensglas oder in einem Kölbchen auszuführen. Hatte man durch einen durchbohrten Kork verschlossen, durch den eine Glasröhre geführt ist, so kann man den Sauerstoff durch die Entzündung eines glimmenden Streichholzes nachweisen. Man kann auch die Titration des Wasserstoffperoxyds (jodometrisch oder oxydimetrisch) heranziehen. Optimales pH = 7.

6. Oxydasen und Peroxydasen[1].

Man verwendet zum Nachweis meistens Stoffe, deren Oxydationsprodukte stark gefärbt sind oder selbst wieder Farbenreaktionen geben. Man verwendet unter anderem die aus folgender Aufstellung ersichtlichen Stoffe:

Stoff	Oxydationsprodukt
Guajakonsäure (in 1 proz. weingeistiger Lösung) oder ein frischer 5—10 proz. weingeistiger Auszug aus Guajakholz oder acetonischer Auszug aus Guajakharz.	Guajakblau (kann mit Chloroform ausgeschüttelt werden).
Aloïn (1 proz. wässerige Lösung)	Aloïnrot
Pyrogallol	Purpurogallin
Leukomalachitgrün (0,1 g + 5 cm^3 Eisessig + 495 cm^3 Wasser)	Malachitgrün
Jodwasserstoff (angesäuerte Jodkaliumlösung)	Jod (Auszuschütteln mit Benzol oder Nachweis mit Stärkekleister).
Alkalische Lösung von α-Naphthol + Dimethyl-p-Phenylendiaminhydrochlorid	Blauer Indophenolfarbstoff
Pyramidon (1 proz. wässerige Lösung)	Blauvioletter Stoff

Tyrosinase wird durch die Einwirkung auf Tyrosin nachgewiesen, dessen Lösung bei bejahendem Ausfall über Rosa und Granatrot braun und schwarz wird.

6. Asymmetrase.

Man schüttet die wässerige Lösung des Enzyms mit 0,675 g Blausäure und 5,3 g Benzaldehyd zusammen und schüttelt nach 1—2 Stunden mit 25—30 cm^3 Chloroform aus. Nachdem man das Chloroform mit Natr. sulfuric. sicc. entwässert hat, prüft man es im Polarisationsapparat. Man gießt es dann aus der Röhre in ein Kölbchen, gibt 25 g rauchende Salzsäure dazu und läßt unter häufigem Umschütteln $^1/_2$ Stunde stehen. Man destilliert das Chloroform ab, spült den Rückstand mit rauchender Salzsäure in eine Porzellanschale und dampft auf dem Dampfbad möglichst weit ein. Man nimmt mit Wasser auf und prüft die wässerige Lösung (ev. nach Klärung mit Kieselgur) wiederum im Polari-

[1] Als Oxydasen seien hier — unabhängig von allen theoretischen Möglichkeiten — diejenigen Enzyme verstanden, die oxydierende Wirkungen ohne den Zusatz einer Peroxyds besitzen; Peroxydasen bedürfen ihn dazu.

sationsapparat. Die Drehungsrichtung der wässerigen Lösung (Mandelsäure) muß der der Chloroformlösung (Mandelsäure-Nitril) entgegengesetzt sein (163).

b) Darstellung.

Das Verfahren, das man zur Darstellung eines Enzyms einzuschlagen hat, ist sowohl von dem Ausgangsmaterial abhängig, als auch besonders von dem Reinheitsgrad, in dem man es gewinnen will. Die zur Darstellung in Betracht kommenden Operationen sind 1. vorbereitende Maßnahmen, 2. Extraktion, 3. Abscheidung, 4. Reinigung.

Die vorbereitenden Maßnahmen können u. a. darin bestehen, daß man das Material mit Lösungsmitteln, welche keine Enzyme lösen, z. B. Äther oder Weingeist, von Ballaststoffen befreit. Weitere derartige Maßnahmen s. unten bei den Willstätterschen Verfahren.

Die Extraktion der Enzyme erfolgt durch Wasser[1], schwache Salzlösungen, 20proz. Weingeist oder Glycerin meist bei gewöhnlicher oder niederer Temperatur, da die Enzyme in gelöstem Zustand gegen höhere Temperaturen empfindlich sind.

Um die Wirkung von Bakterien und Schimmelpilzen auszuschalten, setzt man, wenn die Extraktion mit Wasser oder Salzlösungen erfolgt, Antiseptica zu, z. B. Chloroform oder Toluol oder Natriumfluorid.

Zur Loslösung der Enzyme aus Verbindungen, welche sie mit Zellenbestandteilen bilden können, ist es manchmal nötig, die Lösungsmittel schwach sauer oder schwach alkalisch zu machen. Die Anwendung starker Säuren oder Alkalien ist zu vermeiden, da die Enzyme meistens dagegen sehr empfindlich sind.

Aus der Lösung in Wasser oder Glycerin oder 20proz. Weingeist werden die Enzyme durch starken Weingeist niedergeschlagen. Doch ist zu beachten, daß einige Enzyme in verdünntem Weingeist löslich sind und daß einzelne bei längerer Berührung mit Weingeist ihre Wirksamkeit einbüßen. Auch durch Sättigung mit Ammonsulfat lassen sich Enzyme aus ihrer Lösung in Wasser oder verdünnter Salzlösung abscheiden.

Die Reinigung kann auf verschiedene Weise erfolgen, häufig schon durch Wiederholung des Verfahrens der Darstellung. Viele Verunreinigungen lassen sich durch Bleiacetat oder durch Quecksilberchlorid oder durch Dialyse entfernen.

---

[1] Es sei besonders darauf aufmerksam gemacht, daß Extraktion mit Wasser allein nicht immer genügt, um die Enzyme herauszulösen.

Zur Reinigung von Enzymen kann Elektrodialyse und Elektroosmose herangezogen werden. Näheres s. Fricke, R. u. Kaja, P.: Ber. Deutsch. Chem. Gesellsch. **57**, 310, 1924.

Eine Anreicherung läßt sich besonders dadurch erzielen, daß man das Enzym von geeigneten Stoffen adsorbieren läßt und es aus den „Adsorbaten" wieder herauslöst („eluiert"). Dies Verfahren ist neuerdings besonders von R. Willstätter und seinen Schülern ausgebildet worden (vgl. die Darstellung des Invertins aus Hefe, Annalen der Chemie Bd. 425, S. 1. 1921).

Ein wenig gereinigtes Emulsin erhält man nach der S. 24 gegebenen, sowie nach folgender von K. Josephsohn gegebenen Vorschrift:

200 g Placenta amygdalarum amararum werden mit 500 cm^3 0,1 n-NH_3 auf der Schüttelmaschine einige Stunden geschüttelt; dann wird in einer größeren Zentrifuge (Tonnenzahl pro Minute $\sim$ 2700) abgetrennt und der Rückstand nochmals mit 500 cm^3 0,01 n-NH_3 während 2—3 Stunden geschüttelt. Durch Zusatz von 110 cm^3 0,5 n-Essigsäure fällt man Eiweiß aus, zentrifugiert dieses sowie den noch nachträglich innerhalb eines Tages ausfallenden Niederschlag ab und fällt das Filtrat mit der dreifachen Menge Weingeist. Zur Verwendung löst man den Niederschlag in Wasser und verwendet das Filtrat.

Weitergehend ist schon die Reinigung in dem Wroblewskischen Verfahren (164) zur Darstellung der Diastase. Es beruht darauf, daß Diastase in 50prozentigem Weingeist löslich, in 65proz. dagegen unlöslich ist.

3 kg Malz werden einen Tag mit 6 kg 68proz. Weingeist ausgezogen. Der gut ausgepreßte Rückstand wird einen Tag mit 6 l 45proz. Weingeist maceriert, die Flüssigkeit abfiltriert, der Rückstand ausgepreßt und nochmals in derselben Weise extrahiert. Die beiden letzten Macerationen vereinigt man und versetzt sie mit so viel 96proz. Weingeist, daß der Weingeistgehalt der Flüssigkeit 70$^0/_0$ beträgt. Man läßt den durch den Weingeist entstehenden Niederschlag absetzen und wäscht ihn mit 70proz Weingeist aus. Dann löst man ihn wieder durch Verreiben mit 6 l 45proz. Weingeist, fällt das Enzym aus der Lösung wie oben und löst es in möglichst wenig Wasser. Durch Sättigung mit schwefelsaurer Magnesia fällt man es wieder aus, wäscht mit konzentrierter Magnesiasulfatlösung, löst es wieder in der kleinsten zur Lösung genügenden Wassermenge und dialysiert, bis die dialysierte Flüssigkeit keinen Niederschlag mehr mit Chlorbarium gibt. Zuletzt fällt man das Enzym durch ein Gemenge von Weingeist und Äther und trocknet im Vakuum. Die Trennung des Enzyms

von einem dasselbe begleitenden Kohlenhydrat wurde erzielt, indem die Lösung des verunreinigten Enzyms fraktioniert mit Ammoniumsulfat gefällt wurde.

Als Beispiele Willstätterscher Verfahren seien die Darstellung der Peroxydase aus Meerrettich nach dem Verfahren von Willstätter und Stoll (165) und die Darstellung des Emulsins nach Willstätter und Csányi (166) geschildert. Ersteres beruht auf der Dialyse im Pflanzenmaterial, Adsorption in demselben durch Oxalsäure und fraktionierte Extraktion mit Alkali.

Die Wurzeln werden nach eintägigem Lagern im Wasser mit einem Hobel in Schnitzel geschnitten. Je 5 kg Schnitzel werden im Unterteil einer Steinzeugnutsche, die mit Zu- und Ablauf versehen ist, einer 7—9tägigen Dialyse unterworfen, indem man 100—150 l Wasser in der Stunde hindurchfließen läßt. Die Schnitzel werden an der Pumpe möglichst trocken gesaugt und dann mit einer Lösung von 30 g Oxalsäure in 15 l Wasser unter häufigem Umrühren digeriert. Dann werden die Schnitzel auf der Nutsche abgesaugt und abgepreßt und in einer Walzenmühle zu dünnem Brei gemahlen. Der Brei wird mit 6—8 l Wasser vermischt, auf der Nutsche filtriert und unter Vermeidung des Trockensaugens mit 8—10 l einer 0,01 proz. Oxalsäurelösung nachgewaschen. Die Masse wird abgesaugt, scharf abgepreßt und in fein zerriebenem Zustand allmählich mit 1 l $^1/_3$—$^1/_2$-gesättigter Bariumhydroxydlösung verrührt. Nach $^1/_2$stündiger Einwirkung — die Reaktion muß schwach sauer oder neutral bleiben — preßt man ab, zerreibt den Preßkuchen und rührt ihn mit $1^1/_4$ l bei 20° gesättigter Bariumhydroxydlösung an. Nach etwa $^1/_2$stündiger Einwirkung wird scharf abgepreßt und in den Preßsaft sofort Kohlensäure bis zur schwach sauren Reaktion eingeleitet. Der Preßkuchen kann noch zweimal mit je $^1/_2$ l halbgesättigter Bariumhydroxydlösung in derselben Weise behandelt werden. Jeder einzelne Auszug wird nach der Neutralisation durch Kohlensäure mit $^9/_{10}$ seines Volumens 96 proz. Alkohols versetzt. Die vereinigten Auszüge bleiben über Nacht im Kühlraum, dann wird die Lösung so weit als möglich dekantiert und durch große glatte Filter filtriert. Der Rest wird zentrifugiert. Aus den Filtraten wird die Peroxydase gewonnen, indem man die Flüssigkeit im Vakuum[1] auf 50—70 cm³ einengt und durch Vermischen mit der fünffachen Menge absolutem Alkohol fällt. Eine Reinigung wurde zunächst so erzielt, daß man die Lösung von 1 g Rohenzym in 20 cm³ Wasser mit Schwefelsäure bis zur sehr schwachen Reaktion versetzte und das

[1] Badtemperatur 50°, Innentemperatur der Kolben, die nur bis zum Niveau ihres Flüssigkeitsinhaltes eingetaucht werden, 30°.

Filtrat mit dem sechsfachen Volum Alkohol fällte. Aus diesem Präparat kann man noch durch Quecksilberchlorid ein unwirksames Glucosid abtrennen und aus dem Filtrat die Peroxydase wieder durch Weingeist fällen. Man löst die Fällung, ohne vorher zu trocknen, in wenig Wasser, fällt nach Filtration abermals und wiederholt diese Operation, bis sich das Enzym klar in Wasser löst.

Die Darstellung von Emulsin wird nach R. Willstätter und W. Csányi in folgender Weise vorgenommen. Man erwärmt süße Mandeln in Wasser von 60—70°, enthäutet sie und trocknet sie oberflächlich an der Luft. Dann zerkleinert man sie in der Mandelmühle und preßt sie in der hydraulischen Presse. Zur völligen Entölung extrahiert man sie in einer Flasche mit der dreifachen Menge Äther, saugt ab, mahlt in der Walzenmühle, zieht nochmals mit der doppelten Menge Äther aus, saugt ab und wäscht nach. Man trocknet schließlich in einem warmen Luftstrom und mahlt aufs feinste in einer Siebmühle.

100 g dieses Pulvers verrührt man in einer Flasche mit 250 cm^3 $^n/_{10}$-Ammoniak und schüttelt nach Verdünnen mit 100 cm^3 Wasser 5 Stunden lang mit der Maschine. Den ammoniakalischen Auszug trennt man am besten mittels der Zentrifuge ab, rührt die Rückstände in den Zentrifugengläsern mit einem Gemisch von 100 cm^3 Wasser und 10 cm^3 $^n/_{10}$-Ammoniak an, zentrifugiert nochmals und zieht noch ein drittes Mal aus, falls die alkalische Reaktion verschwunden ist, unter Zusatz einiger Kubikzentimeter Ammoniak. Die vereinigten Auszüge werden mit 300 cm^3 $^n/_{10}$- oder 60 cm^3 $^n/_2$-Essigsäure versetzt. Das Filtrat wird mit der 4fachen Menge Weingeist versetzt, der Niederschlag mit der Zentrifuge abgetrennt und dann mit absolutem Alkohol und Äther gewaschen. Über eine weitere Reinigung dieses Präparates s. Zeitschr. f. physiol. Chem. Bd. 117, S. 172. 1921.

Über die Darstellung einer pflanzlichen Perhydridase s. Michlin, D.: Biochem. Zeitschr. **185**, 216. 1927.

Die Trennung verschiedener Enzyme voneinander kann u. a. mit Hilfe adsorbierender Stoffe vorgenommen werden. Beispiele dafür finden sich in den Arbeiten von Waldschmidt-Leitz, und Harteneck, A.: Zeitschr. f. physiol. Chemie **147**, 286, 1925 und Willstätter, R. und Mitarbeiter, ebenda **161**, 191, 1926.

Maltase wird frei von Saccharase erhalten, wenn aus dem mit einer geeigneten Sorte Tonerde hergestellten, nur geringe Mengen Saccharase enthaltenden Adsorbat die Saccharase bei 0° mit primärem Phosphat und dann erst die Maltase mit Diammonphosphat eluiert wird.

Näheres s. Willstätter, R. und Bamann, E.: Zeitschr. f. physiol. Chemie **151**, 273. 1925.

Über eine Trennung von Enzymen durch Ultrafiltration s. Bechhold, H. u. Keiner, L.: Biochem. Zeitschr. **189**, 1. 1927.

Über die Gewinnung von Enzymen aus Pflanzenteilen s. a. Oppenheimer, C. u. Pincussen, L.: Die Methodik der Fermente S. 428ff.

Toxalbumine.

Die pflanzlichen Toxalbumine werden teils wie die Eiweißstoffe, teils wie die Enzyme gewonnen. Das Ricin (167) z. B. wird dargestellt, indem man die ausgepreßten Ricinussamen mit 10proz. Chlornatriumlösung im Perkolator erschöpft, mit schwefelsaurem Magnesium und schwefelsaurem Natrium bei Zimmertemperatur sättigt und die Lösung dann kalt stellt. Außer den Krystallen der beiden Sulfate entsteht der mechanisch von ihnen zu trennende weiße Niederschlag des Toxalbumins, der in der Kälte abfiltriert, unausgewaschen in den Dialysatorschlauch gebracht und dialysiert wird.

Anorganische Bestandteile.

Die anorganischen Bestandteile einer Pflanze sucht man meist durch Veraschung zu ermitteln. Diese Methode gibt jedoch weder darüber eine ganz genaue Auskunft, in welchen Verbindungen jene in der Pflanze enthalten sind, noch ist sie imstande, alle anorganischen Bestandteile der Pflanze zur Ermittelung zu bringen. Ammoniak und Salpetersäure verflüchtigen sich in der Hitze, Salzsäure kann ausgetrieben werden, wenn heiße Kieselsäure auf Chloride wirkt. Durch Einwirkung glühender Kohle auf saure phosphorsaure Salze bildet sich Phosphor, der ebenfalls entweicht. Außerdem können sich bei der gewöhnlichen Art und Weise der Veraschung ein Teil der Salze, so die Halogenide der Alkalien, der Bestimmung durch Verdampfung entziehen. Die an organische Stoffe gebundenen Alkalien und Erdalkalien bleiben als Carbonate zurück. Schwefelsaure und phosphorsaure Salze können mit Hilfe des in organischer Form vorhanden gewesenen Schwefels und Phosphors erst bei der Veraschung entstehen. Ebenso können sich in der Asche Sulfide und Cyanide vorfinden, die in der Pflanze selbst nicht vorhanden waren.

Will man sich ein möglichst genaues Bild von dem Vorkommen und der Bindungsweise der anorganischen Bestandteile machen, so muß man vor allem die mit Wasser und verdünnter Salzsäure bereiteten Auszüge nach den Regeln der analytischen Chemie[1] untersuchen und die Rückstände nach sorgfältigem Trocknen der Veraschung unterwerfen unter Berücksichtigung der obenerwähnten Veränderungen, welche bei der Veraschung eintreten können.

Die Veraschungen werden gewöhnlich in Platin- oder Porzellanschalen oder in Tiegeln aus gleichem Material ausgeführt, die über direkter Flamme oder in Muffeln erhitzt werden. Oder man benutzt den Veraschungsapparat von Tucker (168), welcher außer einigen anderen Erleichterungen den Vorteil bieten soll, die Verflüchtigung der anorganischen Bestandteile hintanzuhalten.

Über einen neuen Schnellveraschungsofen s. A. Fornet, Chemiker-Ztg. **52**, 319, 1928.

Über Veraschung im feuchten Sauerstoffstrom s. Tausz, S. und Rumm, H. Chemiker-Zeitg. **49**, 665, 1925.

Zur Beförderung der Veraschung hat man verschiedene Zusätze empfohlen, unter denen Platinschwamm, Calciumplumbat, Bariumhydroxyd, Magnesiumacetat und Calciumacetat erwähnt sein mögen.

An Stelle der Veraschung kann die Zerstörung der organischen Substanz durch Salpetersäure und konzentrierte Schwefelsäure (169) vorgenommen werden, durch welches Verfahren allerdings ein Teil der Anionen z. B. SO_4'', Cl', NO_3' dem Nachweis entgeht.

Von anorganischen Anionen finden sich: Cl', Br', J', SO_4'', NO_3', PO_4''', BO_3'''; außerdem Kieselsäure. Von Kationen seien genannt: $K^{\cdot}$, $Ca^{\cdot\cdot}$, $Mg^{\cdot\cdot}$, $Fe^{\cdot\cdot}$, $Na^{\cdot}$, $Al^{\cdot\cdot\cdot}$, $Mn^{\cdot\cdot}$, $Zn^{\cdot\cdot}$, $Cu^{\cdot\cdot}$.

Für den Nachweis und die Bestimmung dieser Stoffe sei auf die Lehrbücher der analytischen Chemie verwiesen. Es sei nur der Nachweis einiger Stoffe behandelt, die häufig nur in Spuren vorkommen.

1. Jod (Th. v. Fellenberg) (170).

Das Material (meist 1—3 kg) wird in einer geräumigen flachen Eisenschale mit je 7 g zu einem feinen Brei verriebenem Calciumhydroxyd und 3 cm³ konzentrierter Pottaschelösung (850—900 g K_2CO_3 im Liter[2]) auf je 100 g Substanz versetzt und mit so viel Wasser verdünnt, daß beim darauffolgenden Kochen alles gleichmäßig benetzt wird. Man dampft auf einem Gasofen ein, trocknet und verbrennt vorsichtig. Man dampft am besten zuerst den flüssigen Anteil ein und setzt dann erst den festen hinzu. Sind verholzte oder harte Materialien zu verbrennen, so empfiehlt es sich unter Umständen, sie zuerst in Autoklaven mit den basischen Zusätzen ungefähr $^1/_2$ Stunde auf 2—3 Atmosphären zu erhitzen.

[1] Man behalte im Auge, daß einige Fällungen durch die Gegenwart organischer Stoffe verhindert werden können.

[2] Man benützt die Lösung, die man gewinnt, wenn man die Pottasche zur Befreiung von Jod mit 60—80proz. Weingeist behandelt.

Man entwässert erst bei geringer Hitze und steigert allmählich unter häufigem Umrühren mit einem flachen Eisenstab die Temperatur in der Weise, daß das Material sich nicht entzündet. Zum Schluß erhitzt man die Ränder der Schale, um die dort meist vorhandenen Krusten von organischer Substanz zu zerstören. Wenn die Veraschung so weit wie möglich fertig ist, kocht man die Asche 5—6mal mit ziemlich viel Wasser aus und saugt jedesmal auf der Nutsche gut ab. Das Filtrat soll farblos oder ganz hellgelb gefärbt sein. Die vereinigten Filtrate werden in einem Glaskolben nahezu zur Trockne eingedampft[1]. Der feuchte Rückstand wird mehrmals mit Weingeist ausgezogen. Die Lösung wird nach Zusatz von 2—3 Tropfen Pottaschelösung zur Trockne gedampft; der Rückstand wird geglüht und der Glührückstand wieder mit Weingeist ausgezogen. Man dampft nochmals ab, glüht den Rückstand sorgfältig, löst in etwa 1 cm^3 Wasser und bringt die Lösung in ein kleines Reagensgläschen (innerer Durchmesser 5 mm, Höhe 80 mm, Inhalt 2 cm^3; oben schräg abgeschnitten), in das man weiter mit einer Mikropipette 0,02 cm^3 Chloroform und einen Tropfen Nitrit-Schwefelsäure (ca. 0,05 g KNO_2 auf 10 cm^3 3N —H_2SO_1) bringt. Durch häufiges Klopfen auf das nahezu wagrecht gehaltene Röhrchen bringt man das Choroform nach unten und zentrifugiert noch zum Schluß.

Über die quantitative Bestimmung nach diesem Verfahren s. Ergebnisse der Physiologie XXV S. 207.

Zum Nachweis von Jod in Fetten und Ölen verseift man je 100 g mit 10 g in sehr wenig Wasser gelöstem Ätzkali unter Zusatz von 50 cm^3 95proz. Weingeist durch $^1/_2$-stündiges Erhitzen am Rückflußkühler, destilliert dann den Weingeist ab und bringt die Seife in eine eiserne Schale. Man setzt auf je 100 g Fett 5 g gelöschten Kalk hinzu und erhitzt so, daß unter möglichster Vermeidung von Entzündung eine trockene Destillation der Seife eintritt. Zum Schluß glüht man schwach, wobei man die Ränder der Schale noch besonders erhitzt und laugt aus. Etwa bleibende Kohle wird noch verbrannt. Im übrigen verfährt man wie oben.

---

[1] Ist viel Material verascht worden oder fängt die Lösung beim Eindampfen zu schäumen an, so neutralisiert man (Phenolphthalein) mit $12^1/_2$proz. Salzsäure nahezu bis zur Entfärbung. Dann dampft man weiter ein und wiederholt die Neutralisation von Zeit zu Zeit, da sich die Lösung immer wieder rot färbt. Zum Schluß wird bei schwach alkalischer Reaktion bis zum Salzbrei eingedampft und wie oben weiter behandelt.

Unbedingt notwendig ist die Neutralisation bei kieselsäurereichem Material, da sonst Natriumsilikat in die weingeistige Lösung gelangt und später stört.

2. Brom. Man verascht unter Zusatz von Ätzkalk, löst in Wasser und kocht nach Neutralisieren und Zusatz von Ferriammonsulfat zur Vertreibung des Jods. Man setzt dann durch Zusatz von Kaliumdichromat und Schwefelsäure das Brom in Freiheit und destilliert es in 5 cm^3 einer 0,025proz. Fluoresceinlösung. Sobald die ersten Spuren von Brom übergehen, nimmt die Fluoresceinlösung den deutlich erkennbaren rötlichen Eosinton an, die Farbe und das Spektrum des Fluoresceins verschwinden mehr und mehr; das Eosinspektrum, ein scharfer Absorptionsstreifen bei E bis b, wird alsbald deutlich (171).

3. Bor. Man kocht die Asche mit Sodalösung aus, konzentriert und säuert das Filtrat mit Salzsäure an. Einen Tropfen der Flüssigkeit läßt man am Ende eines Curcuma-Fadens[1] eindunsten. Erweist es sich unter dem Mikroskop (Kondensorbeleuchtung) braungefärbt, so bringt man es daselbst mit einem Tröpfchen 13proz. Sodalösung zusammen. Bei Gegenwart von Borsäure vorübergehende Blaufärbung (172).

4. Kupfer. Man verascht zunächst, zieht die Pflanzenasche mit Salzsäure und chlorsaurem Kali aus, entfernt überschüssiges Chlor und Salzsäure durch Abdampfen zur Trockne und gibt einige Tropfen der durch Aufnehmen mit Wasser erhaltenen Flüssigkeit zu blausäurehaltiger Guajaktinktur (besser weingeistige Auflösung von Guajakonsäure) oder Aloinlösung. Tritt im ersten Falle keine Blaufärbung, im letzteren keine Rotfärbung ein, so ist die Gegenwart von Kupfer ausgeschlossen.

Der Nachweis des Kupfers ist weiter sehr empfindlich mit 1,2-Diaminoanthrachinon-3-Sulfosäure (in natronalkalischer Lösung blauviolette Färbung) und mit Benzoinoxim (grüner Niederschlag). Man bringt einen Tropfen der zu untersuchenden Lösung auf einen Objektträger und läßt einen Tropfen 5proz. weingeistiger Lösung von Benzoinoxim zufließen. Bei Gegenwart von Kupfer entstehen grüne Schlieren oder, wenn man ein Tröpfchen Glycerin zugesetzt hatte, Mikrokrystalle (173).

5. Mangan. Bei Gegenwart von Mangan wird die Asche grün gefärbt sein. Man löst sie unabhängig davon in Salpetersäure und erwärmt die Lösung nach Zusatz von Ammonpersulfat[2] und

[1] Zur Darstellung des Fadens kocht man 5 g Curcuma-Pulver mit 10 g Weingeist aus, filtriert und dampft die Lösung ein. Den Rückstand löst man unter Zusatz von etwas Soda in einigen Kubikzentimetern 50proz. Weingeist, kocht auf und trägt ungebleichte Leinenfasern ein. Nach dem Herausnehmen preßt man zwischen Papier, legt in stark verdünnte Schwefelsäure und wäscht mit Wasser (Emich).

[2] Besser soll noch Silberperoxyd-Nitrat $2 Ag_2O_2 AgNO_3$ wirken. (Travers, A.: Compt. rend. **182**, 1088. 1926, nach Zeitschr. analyt. Chem. **71**, 130, 1927.)

ein wenig Silbernitrat. Die bei Gegenwart von Mangan entstandene Permangansäure färbt die Flüssigkeit violettrot. Ferner bildet sich Permanganat, wenn man die saure Lösung mit Natronlauge und ein wenig Kupfersulfat erhitzt und dann Bromwasser hinzufügt.

6. Aluminium. 1. Die zu prüfende saure Lösung wird mit $^1/_5$ ihres Volumens einer 0,1 proz. Lösung von Alizarinrot S[1], dann mit Ammoniak bis zur Purpurfärbung versetzt. Man kocht kurz auf, kühlt ab und säuert mit verdünnter Essigsäure an. Bei Gegenwart von Aluminium entsteht ein roter Niederschlag oder es bleibt eine Rotfärbung (Atack) (174). Man kann auch nur 1 Tropfen Alizarinlösung zusetzen und die Probe nach dem Zusatz der Essigsäure falls erforderlich 2—3 Tage stehen lassen (Willstätter, Kraut und Wenzel) (175).

2. Die mineralsaure Lösung wird mit Natriumacetat, dann mit Essigsäure und schließlich mit einer 0,1 proz. Lösung von Morin in 20 proz. Weingeist versetzt. Es entsteht eine grünliche Fluorescenz (Goppelsröder) (176), deren Empfindlichkeit im Tswettschen Luminoskop besonders groß ist (Schantl) (177).

Man kann zu beiden Reaktionen unmittelbar die Lösung der Asche in Salzsäure verwenden. Größere Mengen von Eisen, die stören, können bei der Atackschen Reaktion durch Zusatz von Citronensäure, bei der Goppelsröderschen durch Filtration durch eine Filterkerze unschädlich gemacht werden. In beiden Fällen kann man natürlich auch die salzsaure Lösung des Aluminiumhydroxyds verwenden, das man bei Ausführung des üblichen analytischen Gangs erhält.

---

[1] Statt des Alizarin S kann man auch Alizarin in 0,5 proz. Lösung in Natronlauge benützen. Man versetzt die zu prüfende Lösung mit 1 cm^3 Reagens, säuert dann mit 5 proz. Essigsäure an und übersättigt mit Ammoniak. Bei Gegenwart von Aluminium purpurrote Färbung und Fällung.

Literaturverzeichnis.

(1) Rosenthaler, L.: Ber. d. dtsch. pharmazeut. Ges. **14,** 289 (1904).
(2) Rosenthaler, L.: Schweiz. Apotheker-Zeit. **58,** 409 (1920).
(3) Nach Zörnig, H.: Schweiz. Apotheker-Zeit. **58,** 349 (1920).
(4) Nach Zörnig, H.: Schweiz. Apotheker-Zeit. **59,** 513 (1921).
(5) Mikrochemie **3,** 33 (1925).
(6) Wiss. Veröff. a. d. Siemens-Konzern **5,** 229, (1926).
(7) Rosenthaler, L.: Arch. d. Pharmazie **241,** 589 (1903).
(8) Nach Struve, H.: Zeitschr. f. analyt. Chem. **39,** 1 (1900).
(9) Bourquelot, E.: Journ. pharm. chim. [6] **14,** 481 (1901); Arch. d. Pharmazie **245,** 164 (1907).
(10) Bridel, M., u. Béguin, C.: Comptes rendus **182,** 812.
(11) Thèse doctorat (Pharmacie) Paris 1922; Pharm. acta Helv. **1,** 66 (1926).
(12) Bridel, M., u. Braecke, M.: Journ. pharm. chim. [7] **27,** 103 u. 131 (1923).
(12a) Rosenthaler, L.: Pharmazeut. Zentralhalle **66,** 517 (1925).
(13) Bull. soc. chim. biol. **8,** 35 (1926); Pharm. acta Helv. **1,** 107 (1926).
(14) Charaux, C.: Bull. soc. chim. biol. **6,** 634 (1924); Pharm. acta Helv. **1,** 109 (1926).
(15) Rosenthaler, L.: Arch. d. Pharmazie **240,** 59 (1902).
(16) Willstätter, R., u. Zechmeister, L.: Ber. d. dtsch. chem. Ges. **46,** 2404 (1913).
(16a) Arch. d. Pharmazie **262**; (Ber. d. dtsch. pharmazeut. Ges. **34**) 381 (1924).
(17) Jahns, E.: Arch. d. Pharmazie **235,** 152 (1897).
(18) D. R. P. 431512; Chem. Zentralbl. 1926, II, 1442.
(19) Arch. d. Pharmazie **262,** 589 (1924).
(20) Journ. of the Amer. Pharm. Assoc. **12,** 1080 (1923).
(21) Arch. d. Pharmazie **250,** 118 (1912).
(22) Wander, G.: Über das Hesperidin einiger Pflanzen. Inaug.-Diss. Eidgen. Techn. Hochschule Zürich 1925, 29.
(23) Schweiz. Pat. 115211; Chem. Zentralbl. 1927, I, 141.
(24) Pharmazeut. Zeit. **67,** 134 (1922).
(25) Die Chemie der Gerbstoffe (Berlin 1920) 79.
(25a) Bull. acad. méd. Belg [4] **16,** 827 (1902).
(26) Charpentier Journ. pharm. chim. [7] **27,** 368 (1923).
(27) Kofler, L., u. Dafert, O.: Ber. d. dtsch. pharmazeut. Ges. **33,** 215 (1923).
(28) Arch. d. Pharmazie **265** (Ber. d. dtsch. pharmazeut. Ges. **37**), 624 (1927).
(29) Yanagisawa, H., u. Takashima, N.: Journ. Pharm. Soc. Japan 1926, Nr. 536; Chem. Zentralbl. 1927, I, 618.

(30) Kofler, L.: Arch. d. Pharmazie **262** (Ber. d. dtsch. pharmazeut. Ges. **34**), 320 (1924).
(31) E. Mercks Jahresbericht **36**, 84 (1922).
(31a) Ausführliches Lehrbuch der pharmazeutischen Chemie (3. Aufl.) **2**, 1504 u. 1515.
(32) Annal. Chem. **408**, 30 (1915).
(32a) Cpt. rend. soc. biol. **96**, 1020 (1927).
(33) Rosenthaler, L.: Schweiz. Apotheker-Zeit. **58**, 545 (1920).
(34) Nach Serger, H.: Chem. Zeitg. **35**, 581 (1911).
(35) Öl- u. Fettind. **1**, 339 (1919); Chem. Zentralbl. 1919, IV, 645; Zeitschr. f. analyt. Chem. **70**, 365 (1927).
(35a) Ber. d. dtsch. chem. Ges. **60**, 2499 (1927).
(35b) Zeitschr. f. angew. Chem. **40**, 1013 (1927).
(36) The Analyst **23**, 310 (1898); Zeitschr. f. analyt. Chem. **39**, 177 (1900).
(37) Ber. d. dtsch. chem. Ges. **34**, 2402 (1901).
(38) Zeitschr. f. Untersuch. d. Nahrungs- u. Genußmittel **17**, 356 (1909).
(39) Zeitschr. f. Untersuch. d. Nahrungs- u. Genußmittel **1**, 21 (1898).
(40) Pharmazeut. Zentralhalle **50**, 333 (1909).
(41) Zeitschr. f. Untersuch. d. Nahrungs- u. Genußmittel **26**, 645 (1913).
(42) Nach Benedikt-Ulzer: Analyse der Fette und Wachsarten (Berlin 1903) 269.
(43) Nach Matthes, H., u. Rossié, W.: Arch. d. Pharmazie **256**, 299 (1918).
(44) Ber. d. dtsch. chem. Ges. **39**, 4378 (1906).
(45) Forschungsber. über Lebensmittel **4**, 6 (1897).
(46) Chem. Zeitg. **22**, 600 (1898).
(47) Zeitschr. f. Untersuch. d. Nahrungs- u. Genußmittel **1**, 390 (1898).
(48) Arch. d. Pharmazie **252**, 683 (1914).
(49) Zeitschr. d. dtsch. Öl- u. Fettind. 1921, Nr. 35 u. 36.
(50) Zeitschr. f. angew. Chem. **37**, 885 (1924).
(51) Chem. Umschau **29**, 337 (1922).
(52) Hehner u. Mitchell: The Analyst 1898, 318.
(53) Nach Heiduschka, A., u. Lüft, K.: Arch. d. Pharmazie **257**, 51 (1919).
(53a) Arch. d. Pharmazie **263** (Ber. d. dtsch. pharmazeut. Ges. **35**), 675 (1925); Ber. d. dtsch. chem. Ges. **57**, 925 (1924); Zeitschr. f. Untersuch. d. Lebensmittel **51**, H. 1—2 (1926); Chem. Zeitg. **50**, 412 (1926); Chem.-Techn. Übersicht 1926, 106. Pharmaz. Zeitg. **73**, 340 (1928).
(54) Heintz: Journ. f. prakt. Chem. **66**, 1 (1855).
(55) Kreis u. Hafner: Ber. d. dtsch. chem. Ges. **36**, 2766 (1903).
(56) Hehner u. Mitchell: The Analyst 1896, 32; Kreis u. Hafner: Zeitschr. f. Untersuch. d. Nahrungs- u. Genußmittel **6**, 22 (1903).
(57) Kreis u. Roth: Zeitschr. f. Untersuch. d. Nahrungs- u. Genußmittel **25**, 81 (1913).
(58) Zeitschr. f. Untersuch. d. Nahrungs- u. Genußmittel **16**, 705 (1908).
(59) Arch. d. Pharmazie **257**, 33 (1919).
(60) Zeitschr. f. Untersuch. d. Nahrungs- u. Genußmittel **23**, 129 (1912).
(61) Zeitschr. f. Untersuch. d. Nahrungs- u. Genußmittel **10**, 201 (1905).
(62) Zeitschr. f. Untersuch. d. Nahrungs- u. Genußmittel **1**, 397 (1898).
(63) Journ. pharm. chim. [7] **5**, 577 (1912); Pharmazeut. Zentralhalle **62**, 255 (1921).
(64) Thèse, Faculté des sciences. Paris 1920.
(65) Thèse, Faculté de pharmacie. Paris 1924.
(66) Siehe auch Schweiz. Apotheker-Zeit. **64**, 261 (1926).

(67) Journ. pharm. chim. [6] **29,** 561 (1909).
(68) D. R. P. 432377; Chem. Zentralbl. 1926, II, 1590.
(68a) Journ. of biol. chem. **72,** 587; Chem. Zentralbl. 1927, II, 1038.
(69) Meyer, H.: Zeitschr. f. analyt. Chem. **64,** 72 (1924).
(70) Ber. d. dtsch. chem. Ges. **40,** 1831 (1907).
(71) Annal. Chem. **239,** 3 (1887).
(72) Annal. Chem. **239,** 4 (1887).
(73) Annal. Chem. **239,** 3 (1887).
(74) Annal. Chem. **245,** 245 (1888).
(75) Annal. Chem. **252,** 113 (1889); **268,** 216 (1892).
(76) Arch. d. Pharmazie **240,** 149 (1902).
(77) Zeitschr. f. Untersuch. d. Nahrungs- u. Genußmittel **16,** 497 (1908); **18,** 401 (1909).
(78) Zeitschr. f. Untersuch. d. Lebensmittel **51,** 321 (1926).
(79) Arch. d. Pharmazie **230,** 187 (1892).
(80) Annal. Chem. **188,** 184 (1877).
(81) Arch. d. Pharmazie **252,** 341 (1914).
(82) Arch. d. Pharmazie **265,** 214 (1927).
(83) Annal. Chem. **453,** 52 (1927).
(83a) Bull. soc. chim. France [4] **25,** 386 (1919).
(84) Die Chemie der natürlichen Gerbstoffe. Berlin: Julius Springer 1920.
(85) Arch. d. Pharmazie **262** (Ber. d. dtsch. pharmazeut. Ges. **34**), 291 (1924.)
(86) Zeitschr. f. analyt. Chem. **11,** 365 (1872).
(87) Arch. d. Pharmazie **263** (Ber. d. dtsch. pharmazeut. Ges. **35**), 16 (1925).
(88) Arch. d. Pharmazie **229,** 123 (1891).
(89) Nach Schmidt, E.: Ausf. Lehrbuch der pharmazeutischen Chemie (3. Aufl.) **2,** 1210 (1896).
(90) Helv. chim. acta **5,** 108 (1922).
(91) Ber. d. dtsch. chem. Ges. **45,** 919 (1912).
(92) Zeitschr. f. analyt. Chem. **25,** 121 (1886).
(93) Zeitschr. f. analyt. Chem. **41,** 717 (1902).
(94) Arch. d. Pharmazie **205,** 97 (1874).
(95) Zeitschr. f. anorg. u. allg. Chem. **147,** 68 (1925).
(96) Zeitschr. f. Untersuch. d. Nahrungs- u. Genußmittel **17,** 291 (1909).
(97) Zeitschr. f. analyt. Chem. **41,** 77 (1902).
(98) Journ. pharm. chim. [6] **7,** 487 (1898).
(99) Schmalfuß, H., u. Keitel, K.: Zeitschr. f. physiol. Chem. **138,** 156 (1924); Häußler, E. P.: Chem. Zeit. **38,** 937 (1914).
(100) Bull. soc. chim. Paris [3] **4,** 728 (1890).
(101) Rosenthaler, L.: Arch. d. Pharmazie **241,** 479 (1903).
(102) Cpt. rend. **130,** 32, nach Jahresber. d. Pharmazie **35,** 237 (1900).
(103) Zeitschr. f. Untersuch. d. Nahrungs- u. Genußmittel **4,** 49 (1901).
(104) Schmalfuß, H., u. Keitel, K., l. c. (99); Rosenthaler, L.: Chem. Zeit. **36,** 830 (1912).
(105) Dieselben l. c. (99); Krauß, F. u. Tampke, H.: Chem. Zeitg. **45,** 521 (1921).
(106) Klein, G., u. Werner, O.: Zeitschr. f. physiol. Chem. **143,** 141 (1925).
(107) Lehmann, O., nach Emich, F.: Lehrbuch der Mikrochemie (2. Aufl.) 1926, 219.
(108) Charaux: Journ. pharm. chim. [7] **2,** 292 (1910).

(109) Beath, O. A.: Journ. Amer. Chem. Soc. **48**, 2155 (1926).
(110) Zeitschr. f. physiol. Chem. **115**, 9, 270 (1921); **122**, 46, 263 (1922); Ber. d. dtsch. chem. Ges. **55**, 2995 (1922).
(111) Ber. d. dtsch. chem. Ges. **33**, 135 (1900).
(112) Annal. Chem. **249**, 219 (1888).
(112a) Zeitschr. f. physiol. Chem. **104**, 217 (1919).
(113) Zeitschr. Verein dtsch. Zuckerind. 1925, 440.
(114) Zeitschr. f. Untersuch. d. Nahrungs- u. Genußmittel **20**, 631 (1910).
(115) Zeitschr. f. Untersuch. d. Nahrungs- u. Genußmittel **24**, 38 (1912).
(116) Fischer, E.: Ber. d. dtsch. chem. Ges. **17**, 579 (1884).
(117) Stahel, R.: Annal. Chem. **258**, 244 (1890).
(118) Wolff, H.: Ber. d. dtsch. chem. Ges. **28**, 160 (1895).
(119) Bourquelot, E., u. Bridel, M.: Journ. pharm. chim. [7] **22**, 209 (1920).
(120) Neuberg, C.: Ber. d. dtsch. chem. Ges. **35**, 959, 2626 (1902).
(121) Ruff, O., u. Ollendorff, G.: Ber. d. dtsch. chem. Ges. **32**, 3236 (1899).
(122) Maquenne: Cpt. rend. acad. des sciences **107**, 910.
(123) Schmidt, E., Trefz, F., u. Schnegg, H.: Ber. d. dtsch. chem. Ges. **59**, 2635 (1926).
(124) Zeitschr. f. angew. Chem. **36**, 602 (1923).
(125) Annal. Chem. **232**, 186 (1886).
(126) Wehmer, C., u. Tollens, B.: Annal. Chem. **243**, 314 (1888).
(127) Wheeler u. Tollens: Annal. Chem. **254**, 239 (1889).
(128) Allen u. Tollens: Annal. Chem. **260**, 305 (1890).
(129) Jorissen: Ber. d. dtsch. chem. Ges. **13**, 2439 (1880).
(130) Rosenthaler, L.: Zeitschr. f. analyt. Chem. **48**, 169 (1909).
(131) Günther, A., Chalmot, G. de, u. Tollens, B.: Ber. d. dtsch. chem. Ges. **24**, 3581 (1891).
(132) Stone, W. E.: Ber. d. dtsch. chem. Ges. **24**, 3019 (1891).
(133) Widtsoe u. Tollens: Ber. d. dtsch. chem. Ges. **33**, 146 (1900).
(134) Ellett, W. B., u. Tollens: Zeitschr. f. d. Rübenzuckerindustrie Deutschlands **42**, 19 (1905); Ellett: Diss. Göttingen 1904; Mayer, W., u. Tollens, B.: Ber. d. dtsch. chem. Ges. **40**, 2434 u. 2441 (1907); Mayer, W.: Diss. Göttingen.
(135) Haar, A. W. v. d.: Rec. trav. chim. Pays Bas **37**, 108 u. 251 (1917).
(136) Cpt. rend. acad. des sciences **177**, 908; Journ. pharm. chim. [7] **30**, 33 (1924).
(137) Bertrand, G.: Bull. soc. chim. France [3] **5**, 546 (1891); Ber. d. dtsch. chem. Ges. **35**, 1460 (1912).
(138) Hilger, A., u. Rothenfußer, S.: Ber. d. dtsch. chem. Ges. **35**, 1841 u. 4444 (1902).
(139) Anleitung zum Nachweis usw. der Monosaccharide und Aldehydsäuren 305 u. 313. Berlin: Gebr. Bornträger 1920.
(140) Dennstädter u. Voigtländer: Forschungsber. über Lebensmittel usw. 1895, 173; Zeitschr. f. angew. Chem. 1900, 1074.
(141) Baumert u. Bode: Zeitschr. f. Untersuch. d. Nahrungs- u. Genußmittel **4**, 378 (1901); **7**, 65 (1904).
(142) Mannich, C., u. Lenz, K.: Zeitschr. f. Untersuch. d. Nahrungs- u. Genußmittel **40**, 1 (1920).
(143) Landwirtschaftl. Versuchsstationen 1898, 347.
(144) Zeitschr. f. Untersuch. d. Nahrungs- u. Genußmittel **6**, 769 (1903).
(145) Ost, H., und Wilkening, L.: Chemiker-Zeit. **34**, 461 (1910).
(146) Zeitschr. f. physiol. Chem. **1**, 206.

(147) Journ. f. prakt. Chem. **19,** 332 (1879).
(148) Zeitschr. f. physiol. Chem. **14,** 165 (1890).
(148a) Verhandl. d. Schweiz. naturforsch. Ges. 1927, II, 135.
(149) Zeitschr. f. physiol. Chem. **127,** 268 (1923).
(150) Schulz, E.: Landwirtschaftl. Versuchsstationen **48,** 33.
(151) Habermann u. Ehrenfeld: Zeitschr. f. physiol. Chem. **37,** 24 (1902).
(152) Zeitschr. f. physiol. Chem. **25,** 176 (1898).
(153) Zeitschr. f. physiol. Chem. **135,** 167 (1924).
(153a) Vickery, H. B., u. Leavenworth, S.: Journ. of biol. chem. **72,** 403; Chem. Zentralbl. 1927, I, 3022.
(154) Mikrochemie **1,** 33 (1923).
(155) Journ. chem. soc. London **95,** 1123; Chem. Zentralbl. 1909, II, 834.
(156) Journ. chem. soc. London **97,** 2592 (1910); Jahresber. d. Chem. 1910, Ia, 1333.
(157) Biochem. Journ. **8,** 44 (1914).
(158) Arch. d. Pharmazie **259,** 33 (1921).
(159) Hofmann, K. A., u. Höbold: Ber. d. dtsch. chem. Ges. **44,** 1767 (1911).
(160) Zeitschr. f. physiol. Chem. **134,** 161 (1924).
(161) Nach Pharmazeut. Zentralhalle **53,** 1922 (1912).
(162) Münch. med. Wochenschr. 1906, Nr. 26.
(163) Rosenthaler, L.: Biochem. Zeitschr. **14,** 238 (1908); **17,** 257 (1909).
(164) Zeitschr. f. physiol. Chem. **24,** 178 (1898).
(165) Annal. Chem. **416,** 21 (1918); **422,** 47 (1921).
(166) Zeitschr. f. physiol. Chem. **117,** 172 (1921).
(167) Arbeiten d. pharmakol. Inst. Dorpat III, 79.
(168) Ber. d. dtsch. chem. Ges. **32,** 2583 (1899).
(169) Neubauer, H.: Zeitschr. f. analyt. Chem. **43,** 14 (1914).
(170) Mitt. a. d. Geb. d. Lebensmitteluntersuch. u. Hyg. **14,** 161 (1923).
(171) Pillet, A.: Zeitschr. f. physiol. Chem. **108,** 158 (1919).
(172) Emich, F.: Lehrbuch der Mikrochemie (2. Aufl.) 180. München: J. F. Bergmann 1926.
(173) Feigl, F.: Mikrochemie **1,** 77 (1923).
(174) Journ. soc. chem. ind. **34,** 936 (1915); Zeitschr. f. analyt. Chem. **58,** 363 (1919).
(175) Zeitschr. f. physiol. Chem. **133,** 18 (1924).
(176) Journ. f. prakt. Chem. **101,** 408 (1867); Zeitschr. f. analyt. Chem. **7,** 195 (1867).
(177) Mikrochemie **2,** 174 (1924).

Sachverzeichnis.

GPSR Compliance

The European Union's (EU) General Product Safety Regulation (GPSR) is a set of rules that requires consumer products to be safe and our obligations to ensure this.

If you have any concerns about our products, you can contact us on ProductSafety@springernature.com

In case Publisher is established outside the EU, the EU authorized representative is:

Springer Nature Customer Service Center GmbH
Europaplatz 3
69115 Heidelberg, Germany

Batch number: 10682439

Printed by Printforce, the Netherlands